人工智能与机器人先进技术丛书

深度学习中的图像分类与对抗技术

The Image Classification and Adversarial Technology in Deep Learning

张全新　著

U0345303

北京理工大学出版社
BEIJING INSTITUTE OF TECHNOLOGY PRESS

内容简介

随着计算机技术的飞速发展，人工智能已经渗入人们的日常生活，且在图像分类、目标识别、自然语言处理等领域显示了良好的效果和前景。但是，人工智能及其分支技术有一些特定的脆弱性，在某些场景下容易受到欺骗和攻击，若不对此采取一定措施，就有可能造成严重的后果。本书通过介绍针对图像分类的对抗技术，描述了深度神经网络被欺骗的过程，以此引出了对其脆弱性的一般攻击手段，期望能反向促进机器学习、深度学习、神经网络等领域的健康发展。

本书适合高年级本科生、研究生以及对图像分类中的对抗技术感兴趣的研究人员参考。

图书在版编目（CIP）数据

深度学习中的图像分类与对抗技术 = The Image Classification and Adversarial Technology in Deep Learning / 张全新著. —北京：北京理工大学出版社，2020.3（2023.1重印）
ISBN 978-7-5682-8190-4

Ⅰ．①深…　Ⅱ．①张…　Ⅲ．①机器学习–图像处理　Ⅳ．①TP181

中国版本图书馆 CIP 数据核字（2020）第 036986 号

出版发行 / 北京理工大学出版社有限责任公司
社　　　址 / 北京市海淀区中关村南大街 5 号
邮　　　编 / 100081
电　　　话 /（010）68914775（总编室）
　　　　　　（010）82562903（教材售后服务热线）
　　　　　　（010）68944723（其他图书服务热线）
网　　　址 / http://www.bitpress.com.cn
经　　　销 / 全国各地新华书店
印　　　刷 / 廊坊市印艺阁数字科技有限公司
开　　　本 / 710 毫米×1000 毫米　1/16
印　　　张 / 9.25
字　　　数 / 132 千字　　　　　　　　　　　　责任编辑 / 曾　仙
彩　　　插 / 4　　　　　　　　　　　　　　　　文案编辑 / 曾　仙
版　　　次 / 2020 年 3 月第 1 版　2023 年 1 月第 2 次印刷　　责任校对 / 刘亚男
定　　　价 / 48.00 元　　　　　　　　　　　　责任印制 / 李志强

前　言

随着计算机技术的飞速发展，人工智能已经渗入人们的日常生活。机器学习以及由此衍生出来的深度学习技术是目前炙手可热的研究方向，"AlphaGo""人脸识别"等已成为出现频率极高的词汇。目前，深度学习已经广泛应用在计算机视觉、语音识别、自然语言处理与生物信息学等领域，并取得了很好的效果。鉴于深度学习的优秀表现，人们已经将深度学习应用于更多的、涉及信息安全的重要领域。但随着深度神经网络应用的日益广泛，其安全问题越来越突出，这吸引了众多学者的目光。研究表明，深度神经网络在一些情况下是脆弱的，其脆弱性可能对用户（甚至社会）造成一定危害。针对图像分类和目标检测领域，如果在人脸身份认证、自动驾驶等安全领域存在利用对抗样本进行欺骗的行为，将导致极为严重的后果。例如，对于人脸身份认证领域中的人脸支付或者人脸解锁应用，如果有恶意分子假冒当事人付款或者解锁手机，将对当事人造成不必要的损失；在自动驾驶领域中，如果有不法分子对交通标志牌做手脚，以欺骗自动驾驶汽车，将导致汽车不能正确识别标志牌或者将其错误分类，后果将不堪设想。

对抗样本虽然不一定能愚弄人类，但有很高概率可以欺骗深度神经网络。对抗样本的存在让人们对深度神经网络有了进一步认识，即深度神经网络并非绝对可靠。为了防止此类欺骗行为，就需要深入研究神经网络脆弱性的原因，以及对抗样本产生的内在机理。对于对抗样本的研究将对深度神经网络的发展起到促进作用。

本书以深度学习中的图像分类和对抗技术为切入点，通过介绍深度学习的基本知识、神经网络模型、图像分类对抗环境和对抗样本评价标准，来说明对抗样本产生的基本原理；通过描述对抗样本生成过程实例，以及三种典型的图像分类对抗算法详解，来介绍对抗样本的本质和优化过程。

本书的出版得到了国家自然科学基金项目（61876019）的资助。本书3.4 节中示例 1、示例 2 的程序代码由张文娇提供，示例 3 的程序代码由刘洪毅提供，周宇田、童逍瑶、刘洪毅、张文娇参与了本书的校稿工作，在此向其表示衷心感谢。本书在成稿过程中，引用、参考了一些教材、学术著作、论文、网络文献、在线文章（包括百度、知乎、简书、腾讯、CSDN、阿里云、InfoQ、微软等网站上的资讯或网帖）的内容、思路和学术观点，无法逐一全部列出，在此向原文作者及原始内容贡献者表示诚挚的谢意。

本书的写作目的是激发深度学习图像分类对抗技术爱好者的兴趣，以共同探究对抗样本产生的原因。由于时间仓促，加之笔者水平有限，书中难免有不当之处，请广大读者、专家指正并海涵。

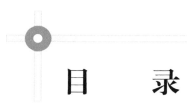

目　　录

第 1 章　深度学习中的图像分类技术概述

1.1　深度学习的主要特点及应用领域

　　深度学习的发展来源于计算机科学中的人工智能领域。现有的深度学习模型属于神经网络模型。神经网络的历史可以追溯到 20 世纪 40 年代，其曾经在八九十年代流行。神经网络试图通过模拟大脑认知的机理，解决各种机器学习的问题。1986 年，Rumelhart、Hinton 和 Williams 在 *Nature*（《自然》）发表文章介绍了著名的反向传播算法用于训练神经网络，该算法直到今天仍被广泛应用。

　　人工智能，是指通过人类的编程操作，使计算机作为非生命物质能够像人类一样拥有（或近似拥有）智能能力，从而可以代替人类来实现识别、认知、分析和决策等功能。随着"人工智能"这一概念被提出，研究人员对人工智能应用的各领域都进行了深入的研究，极大地扩展了应用的方向和深度，如计算机视觉、语音技术、自然语言处理、决策系统、大数据应用等。同时，随着计算机计算能力的进步，人工智能技术也不断发展。"人工智能"一词最早出现在 1956 年 Dartmonth（达特茅斯）会议，McCarthy、Simon、Newell、Minsky 与 Shannon 等科学家共同研究和探讨了用机器模拟智能的一系列有关问题，并首次提出了"人工智能"这一术语。尼尔逊教授[1]对人工智能下了这样的定义："人工智能是关于知识的学科——怎样表示知识以及怎样获得知识并使用知识的科学。"而美国麻省理工学院的温斯顿教授[2]认为："人工智能就是研究如何使计算机去做过去只有人才能做的智能工作。"这些说法反映了人工智能学科的基本思想和基本内容，即人工智能是研究人类智能活动的规律，构造具有一定智能的人工系统，研究如何让计算机去完成以往需要人的智力才能胜任的工作也就是研究如何应用计算机的软硬件来模拟人类某些智能行为的基本理论、方法和技术。从诞生之日起 60 多年来，人工智能已取得长足的发展，成为一门应用广泛的交叉学科和前沿学科。人工智能发展框架如图 1-1-1 所示。

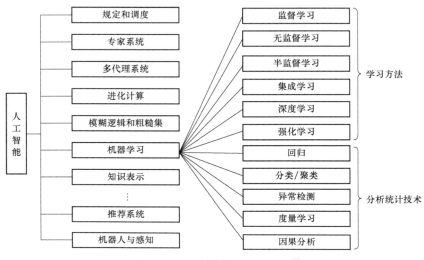

图 1-1-1   人工智能发展框架[3]

人工智能在发展过程中，出现了机器学习这一重要分支。机器学习作为人工智能的核心技术，其主要内容在于"学习"，通过使用多种不同的算法来分析满足一定任务需求的数据，并从中学习，然后对给定任务做出决策或预测。相对于明确地编写复杂而冗长的程序来执行某些任务，不如给予计算机一定的"学习"能力来开发特定的算法以完成这些任务，从而减轻开发负担。因此，机器学习受到了不少领域用户的重视和欢迎。机器学习主要有三种类型——强化学习、监督学习和无监督学习，它们各自适用于不同的环境和场合。

在对机器学习的研究中，衍生了更具影响力的深度学习这一领域。2006年，Geoffrey Hinton 提出了深度学习。深度学习从属于机器学习，常用于特征提取、分类和识别，其目的是模仿人脑的思维过程。深度学习已在诸多领域取得了巨大成功，并受到广泛关注。

神经网络在 20 世纪 90 年代后能够重新发展的原因有以下几方面。

（1）大数据的出现在很大程度上缓解了训练过拟合的问题。例如，ImageNet 训练集拥有上百万有标注的图像。

（2）计算机硬件的飞速发展提供了强大的计算能力，使得训练大规模神经网络成为可能。例如，一片 GPU（Graphics Processing Unit，图形处理器）就可以集成上千个运算核。

（3）神经网络的模型设计和训练方法都取得了长足的进步。例如，为了改进神经网络的训练，研究者提出了非监督和逐层的预训练。它使得在利用反向传播对网络进行全局优化之前，网络参数能达到一个好的起始点，从而在训练完成时能达到一个较好的局部极小点。

深度学习的出现促进了当今许多新技术的出现和发展。相对于机器学习，深度学习更加接近人工智能最初追求的目标。深度学习技术学习的是给定样本数据的内在规律和表示层次，其学习的最终目标是让非生命物质的机器能够通过一系列内部操作，像人类一样通过学习来获得一定的分析能力，能够识别诸如文字、语音、图像等数据。

与机器学习类似，深度学习的学习方法可以分为监督性学习、半监督性学习和无监督性学习三种。

（1）监督性学习：对于一个模型，给予输入和对应的输出，使其学习该部分输入与输出之间的对应规则。

（2）半监督性学习：对于一个模型，给予输入和部分对应的输出，使其学习该部分输入与输出之间的对应规则。

（3）无监督性学习：对于一个模型，只给予输入，而不给予输出，使其学习该部分输入与输出之间的对应规则。

深度学习与传统模式识别方法的最大不同在于，它是从大数据中自动学习特征，而非采用人工设计的特征。好的特征可以极大地提高模式识别系统的性能。在过去几十年模式识别的各种应用中，人工设计的特征处于统治地位。它主要依靠设计者的先验知识，很难利用大数据的优势。由于依赖人工设置参数，因此在特征设计中只允许出现少量参数。而深度学习可以从大数据中自动学习特征的表示，可以包含成千上万的参数。人工设计出有效的特征是一个相当漫长的过程，回顾计算机视觉发展的历史，往往 5～10 年才出现一个得到广泛认可的好的特征；而深度学习可以针对新的应用从训练数据中很快学习到新的、有效的特征表示。

深度学习模型意味着神经网络的结构深，由很多层组成。然而，支持向量机和 Boosting 等常用的机器学习模型都是浅层结构。有理论证明，三层神经网络模型（包括输入层、输出层和一个隐含层）可以近似任何分类函数。理论研究表明，针对特定的任务，如果模型的深度不够，其所需要的计算单元就会呈指数增加。这意味着虽然浅层模型可以表达相同的分类函数，但其需要的参数和训练样本要多得多。浅层模型提供的是局部表达，它将高维图像空间分成若干局部区域，每个局部区域存储至少一个从训练数据中获得的模板。浅层模型将一个测试样本和这些模板逐一匹配，根据匹配的结果来预测其类别。例如，在支持向量机模型中，这些模板是支持向量；在最近邻分类器中，这些模板是所有的训练样本。随着分类问题复杂度的增加，图像空间需要被划分成越来越多的局部区域，因而需要越来越多的参数和训练样本。

深度模型能够减少参数的关键原因在于重复利用中间层的计算单元。例如，它可以学习针对人脸图像的分层特征表达。最底层可以从原始像素学习滤波器，刻画局部的边缘和纹理特征；通过对各种边缘滤波器进行组合，中层滤波器可以描述不同类型的人脸器官；最高层描述的是整个人脸的全局特征。深度学习提供的是分布式的特征表示。在最高的隐含层，每个神经元代表一个属性分类器，如性别、人种和头发颜色等。每个神经元都将图像空间一分为二，N 个神经元的组合就可以表达 $2N$ 个局部区域，而用浅层模型表达这些区域的划分至少需要 $2N$ 个模板。由此可以看出，深度模型的表达能力更强，效率更高。

1.2   图像分类的发展历程

人们在谈论人类视觉感知时，在本质上讨论的是利用环境中物体所反射的可见光谱中的光线来解释周围环境的能力。近年来,对图像识别的兴趣激增主要集中在这一类型的感官输入上。例如,无人驾驶汽车就需要显著改进其视觉处理和识别能力,以及其他关键感官输入,以辅助自动驾驶系统做出正确的决定。

　　一般来说,机器感知模拟人脑可以毫不费力地理解感官输入,特别是视觉、听觉和触觉。大脑的视觉皮层是处理来自眼睛的视觉信息的关键器官。视觉在生命的早期阶段迅速发展,并作为发展认知、行动、沟通和与环境相互作用的基础。当人们需要更快速地处理视觉效果时,大脑神经元通过互连进行信息沟通,提高处理能力。人类处理视觉输入比处理文本输入快 60 000 倍。

　　如前所述,人工智能发展到现在,诞生了机器学习和深度学习的分支,现有的图像分类模型主要是基于深度神经网络的模型。图像分类模型一直是深度学习中的重要研究领域,其所执行的分类任务在现实世界中有重要意义,如农作物病虫害的分类、医学研究领域癌症细胞的分类、军事方面武器种类的分类等。同时,分类任务也是检测、识别、追踪等任务的基础。

　　图像识别[4-10]历史悠久,在计算机视觉、物体识别、机器视觉、场景理解、图像理解、图像分类和图像分析等分支下,存在相关和/或同义字段的图像识别。计算机(或机器)的视觉在总体上涵盖了识别,同时它还涉及图像重组和重构。在更高层次上,有以下两种不同的技术方法能够解决图像识别任务。

　　第一种方法的重点在于从图像中查找和提取人工设计的特征(如边缘、角落、颜色),以帮助分类对象,称为传统图像识别。虽然人脑擅长对物体进行分类(成长初期就开始发展),但人脑在视觉处理中到底使用哪些特征尚不清楚。自 20 世纪八九十年代以来,传统的图像识别方法通常先从图像中提取一系列特征(实际上是利用多年的实验和分析手动编码),然后使用学习算法来基于这些人工设计特征来识别图像中的对象。

　　在第二种方法中,目标仍然是提取帮助识别图像中的对象的特征。然而,它不利用人工设计的特征,而利用自动化程序来从原始图像像素数据中"学习"这些显著的特征,在学习过程中需使用大量图像。人工神经网络模型(特别是深度神经网络），近年来已经彻底改变了这种方法。如前所述，深层神经网络是可能具有更多神经元层的神经网络，其中每层神经元都连接到下一层（不一定完全连接），并且能够学习输入图像的更高层表示（特征）。这个设想已经存在了很长一段时间，然而直到计算机技术在近十年来具备了处理巨大的图像数据集的能力，这种方法才变得可行。它已经引起了计算机视觉方面的革命。当使用深度神经网络时，学习被称为深度学习。

图像分类是计算机视觉中最基础的一项任务，属于计算机视觉领域，也是几乎所有基准模型进行比较的任务。简单来说，就是教会计算机如何去"看"输入的图像，这是人工智能需要解决的重要问题。图像分类是利用计算机对图像进行处理、分析和理解，以识别各种不同模式的目标和对象的技术。图像分类，顾名思义就是一个模式分类问题，它的目标是将不同的图像划分到不同的类别，以实现最小的分类误差。总体来说，对于单标签的图像分类问题，它可以分为跨物种语义级别的图像分类、子类细粒度图像分类、实例级图像分类。从最开始比较简单的 10 分类的灰度图像手写数字识别任务 MNIST[11]，到后来大一些的 10 分类的 CIFAR−10 和 100 分类的 CIFAR−100 任务，再到后来的 ImageNet 任务，图像分类模型伴随着数据集的增长，一步一步提升到了今天的水平。现在，对于 ImageNet 这样超过 1 000 万幅图像、两万多个分类的数据集，计算机的图像分类水准已经超过了人类。图像识别问题的数学本质属于模式空间到类别空间的映射问题。在 2012 年，欣顿研究小组[4]采用与其他参赛选手不同的深度学习方法赢得了 ImageNet 图像分类比赛的冠军，并且分类结果的准确率超出第二名 10%以上[12]。这个前所未有的结果对当时推崇机器学习的计算机视觉领域产生了极大的震动，从而引发了深度学习的热潮。

具体来说，图像分类的任务就是对于一个给定的图像，预测它属于的那个分类标签（或者给出属于一系列不同标签的可能性）。图像是 3 维数组，数组元素是取值范围为 0~255 的整数。数组的大小是宽度×高度×3，其中"3"代表红、绿、蓝这 3 个颜色通道。

例如，对于人来说，识别一个"像猫一样"的视觉概念是很简单的，然而从计算机视觉算法的角度来看就不那么简单了。下面列举了计算机视觉算法在图像识别方面遇到的主要难点。

- 视角变化（viewpoint variation）：对于同一个物体，摄像机可以从多个角度来展现。
- 大小变化（scale variation）：物体可视的大小通常是会变化的（不仅是在图像中，而且在真实世界中大小也是变化的）。
- 形变（deformation）：很多物体的形状并非一成不变，而是会有很大变化。
- 遮挡（occlusion）：目标物体可能被挡住。有时候只有物体的一小部分（可以小到几像素）是可见的。
- 光照条件（illumination conditions）：在像素层面上，光照的影响非常大。
- 背景干扰（background clutter）：物体可能混入背景，导致其难以被辨认。
- 类内差异（intra−class variation）：一类物体的个体之间的外形差异很大（如椅子），这类物体有许多不同的对象，每个都有自己的外形。

与传统的识别方法相比，基于深度学习的图像分类的最大不同在于它得到的图像特征数据不是人工采集到的，而是通过大数据主动学习得到的。在深度学习应用于图像识别之前，人工设计特征方法的地位难以撼动，而人工设计主要依赖于设计者的先验知识，但这在大数据时代是远远不够的。一个识别系统包括特征和分类器两部分，在传统的识别方法中，这两部分的优化过程是分开的；而在深度学习中，它们可以共同进行优化，使二者的协作性能最大限度地发挥。在特征学习中，好的特征将更好地提高图像识别的正确率。例如，在一幅人脸图像中，就包含着各种不同的特征信息，如姿态、表情、年龄等。深度学习的关键就是通过非线性映射将各种关键特征区分开，使各特征信息之间的关系变成简单的线性关系，这样特征估计就会变得十分简单。

图像分类的深度模型的主要优势就在于它的"深"，这意味着神经网络结构的层次较多。研究表明，使用浅层模型进行特定的分类任务所需的计算量会呈指数增加，以致很难实现。而深度模型可以利用多层中间层的计算来减少参数，通过特征的分布式表示来达到比浅层模型更高的表达能力和效率。

第2章 面向图像分类的主要神经网络模型

神经网络最重要的用途是分类，能自动对输入的信息进行分类的机器（或模块）称为分类器，其包含很多基本元素和构件。本章将详细介绍神经网络层次构成和常见的神经网络模型。

2.1 神经网络层次

深度学习的算法框架结构大多数为深层神经网络或多层神经网络。它在本质上是构建含有多层隐藏层的机器学习架构模型，通过大规模数据训练，得到有代表性的特征信息，从而产生能够对给定样本进行分类和预测的能力，随着训练的深入可以逐步提高分类和预测的精度。因此，对于深度学习的探索，要从神经网络框架和模型开始。对于神经网络作用的理解，在第一阶段可以将神经网络当成一个复合函数，即对于对应输入的数据会给出对应输出。

神经网络其实就是按照一定规则连接起来的多个神经元。图2-1-1所示为一个全连接（Full Connected，FC）神经网络的基本结构，图中的圆点代表神经元。

通过观察图2-1-1，可以发现它的规则包括：

（1）神经元按照层来布局。最左边的层称为输入层，负责接收输入数据；最右边的层称为输出层，用于输出神经网络的数据；输入层和输出层之间的层称为隐藏层，因为它们对于外部来说是不可见的。

（2）同一层的神经元之间没有连接。

（3）第 N 层的每个神经元和第 $N-1$ 层的所有神经元相连（这就是 FC 的含义），第 $N-1$ 层神经元的输出就是第 N 层神经元的输入。

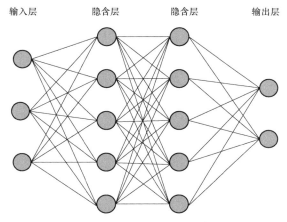

图 2-1-1　全连接神经网络的基本结构

上面这些规则定义了全连接神经网络的基本结构。事实上，还有很多其他结构的神经网络，如卷积神经网络（CNN）、循环神经网络（RNN），它们都具有不同的连接规则，每个连接都有一个权值。

一般来说，神经网络的架构可以分为以下 3 类：

（1）前馈神经网络：最常见的神经网络模型。第一层是输入，最后一层是输出。如果中间有多个隐藏层，则称之为深度神经网络。各层神经元的活动是前一层活动的非线性函数。

（2）循环网络：在连接图中，定义了循环的网络，使网络更具有生物仿真性，但难以训练。循环网络常用于处理序列数据。若一个序列的输入与前面序列的输出具有相关性（具体表现为网络会对前面的信息进行记忆并应用于当前输出的计算中），就意味着隐藏层之间的节点是有连接的。

（3）对称连接网络：类似于循环网络，但其神经元之间的连接是对称的。

神经网络的基本架构由 3 部分组成：神经元、权重、偏置项。每个神经元接受线性组合的输入后，开始只进行简单的线性加权，后来给每个神经元都加上非线性的激活函数，从而将其进行非线性变换后输出。每两个神经元之间的连接代表加权值，称为权重（weight）。不同的权重和激活函数，会导致神经网络不同的输出。神经元是包含权重和偏置项的函数，等待接收外部传入的数据。在接收数据后，神经元执行一些预先指定的计算，并且在多数情况下会通过激活函数将数据限制在一定范围内。激活函数的计算过程如图 2−1−2 所示。

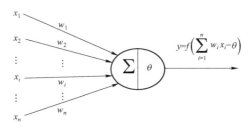

图 2−1−2　激活函数的计算过程

图中，x_i 为输入向量中第 i 维数据的值；w_i 为输入向量中第 i 维数据的权重；θ 为偏置数值。

在神经网络通过外部数据进行学习的过程中，各种数据的重要性一般是不同的，因此可以为这些数据指定不同的权重，以代表不同的重要性或者对下一阶段输出的影响程度。

一个神经网络的搭建要满足输入/输出、权重、阈值这三个条件，才能实现多层结构。其中，最困难的部分是确定权重和阈值。各种文献给出的研究结果表明，到目前为止，这两个值都是以主观经验给出的，在现实中很难直接给出适用值，通常采用试错法来找出理想解。试错法，就是在其他参数不变的前提下微调权重和阈值，并反复执行这个过程，直到能够得到最精确输出的那组权重和阈值。这一过程属于模型训练的过程。

神经网络的一般运行过程如下：

第 1 步，分析任务需求，确定输入和输出。

第 2 步，根据实际问题找到对应算法，可以得到输出。

第 3 步，找到一组已知的输入和输出作为训练集来训练模型，得到估算的权重和阈值。

第 4 步，输入数据，在得到输出的同时调整权重和阈值。

由于该过程的计算量巨大，一般需使用专门定制的 GPU 来运行，所以直到近年来 GPU 硬件技术得到发展，机器学习才开始迅速发展。

在此，重点介绍比较主流的卷积神经网络（CNN）层次结构。

卷积神经网络作为分层式网络，在一定程度上是经典的层级网络的拓展。在卷积神经网络中，主要有四项操作功能：卷积、激活（非线性变换）、池化、分类。图 2-1-3 所示为一个进行图像分类的卷积神经网络的典型结构。

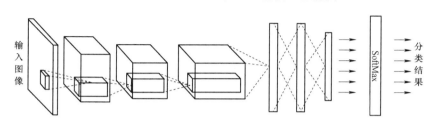

图 2-1-3　进行图像分类的卷积神经网络的典型结构

下面以图像分类任务为例对各层功能进行说明。

1）数据输入层

数据输入层的主要任务是对输入的原始图像进行预处理。在数据输入层，众多神经元接受大量非线性输入信息。输入的信息称为输入向量，通常是图像的像素矩阵，矩阵的深度表示图像的色彩通道，如 RGB 图像通道为 3、灰度图像通道为 1。预处理过程最重要的步骤为归一化，即将图像的各个像素值归一化到一定范围，该范围依据不同的神经网络而有所不同。

2）卷积层

这一层是卷积神经网络中最重要的层，卷积神经网络的名字也来源于卷积运算操作。卷积的目的在于提取输入图像的特征，通过卷积核映射出新图像。卷积层上每个节点的输入是上一层经过卷积操作之前的固定大小的块，可以为 3×3 或 5×5，这个大小也对应为卷积核。简而言之，卷积操作相当于一个抽象过程，其中包含三个重要的参数：深度、步长、填充。深度对应的是进行卷积运算的卷积核（也可以称为过滤器）的数量；步长对应的是移动卷积核的像素距离，步长越大，卷积生成的特征映射就越小；填充则是在避免卷积核遇到边界像素不足的情况下从边界向外进行填充像素值的操作。

3）激励层

卷积层后隐藏着激励层，在每次进行卷积操作之后，激励层都对卷积结果进行 ReLU（The Rectified Linear Unit，修正线性单元）操作，其本质是一种激活函数。常用的非线性激活函数有 sigmoid、tanh、relu 等，其中 sigmoid、tanh 常见于全连接层，relu 常见于卷积层。

激活是应用于每个像素的操作。如图 2−1−4 所示，激活函数将经过卷积之后的所有负像素值映射为 0。由于卷积是线性运算，而实际情况中的神经网络数据都是非线性的，这也是引用激活函数的目的，即引入非线性因素。以 sigmoid 为例，可以把激活函数看作一种"分类的概率"，若激活函数的输出为 0.9，便可以解释为 90%的概率为正样本。

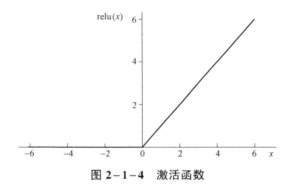

图 2−1−4   激活函数

4）池化层

池化层也称为欠采样或下采样，主要用于特征降维、压缩数据和参数的数量、减小过拟合，同时提高模型的容错性。池化层主要有 Max Pooling（最大池化）、Average Pooling（平均池化），使用得较多的是 Max Pooling。池化的基本原理是减少输入控件的大小并压缩参数的量，但保留重要的参数，从而减少整个神经网络中参数的量，减小过拟合。池化层的输入一般来源于上一层，提供了很强的鲁棒性。例如，Max Pooling 是取一小块区域中的最大值，若此区域中的其他值略有变化，或者图像稍有平移，则池化后的结果保持不变。池化层一般没有参数，所以反向传播时，只需对输入参数求导，不需要进行权值更新。

5）全连接层

全连接（Fully Connected，FC）的核心操作是矩阵乘法，本质上是把一个特征空间线性变换到另一个特征空间。在实践中通常把特征工程（或神经网络）提取的特征空间映射到样本标记空间，其中的参数 w 相当于做了特征加权。由于这个特性，在 CNN 中，FC 常用作分类器，即在卷积、池化层后，全连接层把特征变换到样本空间。其在整个卷积神经网络中起到"分类器"的作用。通常，全连接层在神经网络架构中的最后。经过数次卷积和池化操作，就可以认为输入的信息已经被抽象为包含更高价值信息的特征，全连接层则用于对前面的特征信息进行加权计算。

6）SoftMax 层

SoftMax 层将多个神经元的输出映射到（0,1）区间，可将该映射值当成概率来理解，从而进行多分类。因此 SoftMax 层的输出可以视为概率分布，常用在神经网络的最后一层，作为输出层来输出当前样本中不同类别的分布情况，即给出分类结果。

7）其他功能层

在有些神经网络中，还可以使用一些其他功能层。例如：归一化层，在 CNN 中对特征进行归一化；切分层，对某些（图像）数据的进行分区域的单独学习；融合层，对独立进行特征学习的分支进行融合。

尽管这些功能层之间有所差异，但大部分卷积神经网络包含的主要层次是前述 6 层。

2.2　神经网络模型

人工神经网络模型主要考虑网络连接的拓扑结构、神经元的特征、学习规则等。目前，已有近 40 种神经网络模型，其中有反向传播网络、感知器、自组织映射、霍普菲尔德神经网络、玻尔兹曼机、适应谐振理论等。

一般来说，人工神经网络主要按学习策略和网络架构分类。

（1）按学习策略（Algorithm）分类，人工神经网络主要有监督式学习网络（Supervised Learning Network，SLN）、无监督式学习网络（Unsupervised Learning Network，ULN）、混合式学习网络（Hybrid Learning Network，HLN）、联想式学习网络（Associate Learning Network，ALN）、最适化学习网络（Optimization Application Network，OAN）。

（2）按网络架构（Connectionism）分类，人工神经网络主要有前馈神经网络（Feed forward Neural Network，FNN）、循环神经网络（Recurrent Neural Network，RNN）、强化式架构（Reinforcement Network）。

神经网络的模型非常多（图 2-2-1），分别具备不同的特性，适用于不同的环境和场合。接下来介绍几种在图像分类和对抗中常见的神经网络模型。

1. 前馈神经网络

前馈神经网络（FNN）是一种比较简单的神经网络，各神经元分层排列。每个神经元只与前一层的神经元相连，接收前一层的输出，并输出给下一层，且各层之间没有反馈。这种方法起源于 20 世纪 50 年代，又可分成单层和多层前馈神经网络。它的工作原理通常遵循以下规则：

（1）所有节点都完全连接。

（2）激活从输入层流向输出，无回环。

（3）输入层和输出层之间有一层隐含层。

在大多数情况下，这种类型的网络使用反向传播方法进行训练。

2. 深度前馈神经网络

深度前馈神经网络（DFNN）即多层前馈神经网络。在训练传统的前馈神经网络时，用户只向上一层传递了少量的误差信息。由于堆叠更多的层次导致训练时间的指数增长，使得在之前很长一段时间，深度前馈神经网络非常不实用。直到 21 世纪初期，在开发了一系列有效的训练深度前馈神经网络的方法后，这一情况才得以改观。现在它们构成了现代机器学习系统的核心，能实现完全前馈神经网络的功能，且效果大大提高。

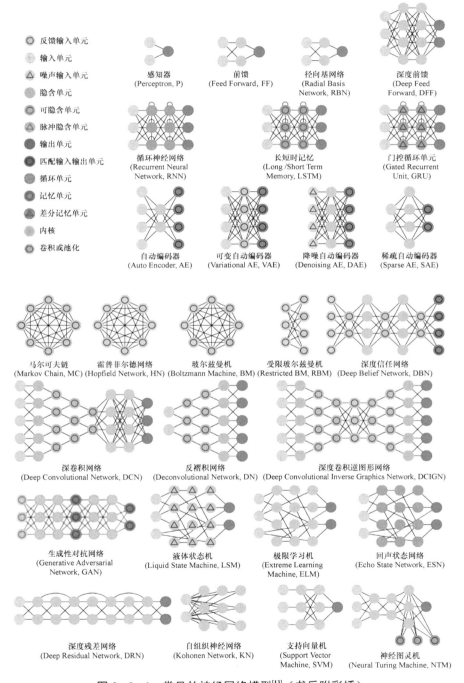

图 2-2-1　常见的神经网络模型[13]（书后附彩插）

3. 循环神经网络

循环神经网络（RNN）是一类具有短期记忆能力的神经网络。在循环神经网络中，神经元既可以接受其他神经元的信息，也可以接受自身的信息，形成具有环路的网络结构。和前馈神经网络相比，循环神经网络更加符合生物神经网络的结构。循环神经网络已经被广泛应用在语音识别、语言模型以及自然语言生成[14-16]等任务上。这是一类以序列数据为输入，在序列的演进方向进行递归且所有节点（循环单元）按链式连接的递归神经网络，引入不同类型的神经元——循环神经元，在网络中每个隐含神经元会收到它自己在固定延迟（一次或多次迭代）后的输出。除了这方面，循环神经网络与普通的模糊神经网络非常相似。当然，它们之间的差异还是非常明确的，如传递状态到输入节点、可变延迟等，但主要思想保持不变。循环神经网络主要被使用在上下文很重要的环境中，即过去的迭代结果和样本产生的决策会对当前产生影响。最常见的上下文例子是文本——一个单词只能在前面的单词或句子的上下文中进行分析。

4. 长短时记忆网络

循环神经网络（RNN）在实际应用中很难处理长距离依赖的问题。长短时记忆网络（LSTM）是一种特殊的 RNN 变体，它可以学习长期依赖信息，由 Hochreiter 和 Schmidhuber 在 1997 年提出，并在 2012 年以后被 Alex Graves 进行了改良和推广。这种网络引入了一个特殊的存储单元，当数据有时间间隔（或滞后）时可以处理数据。循环神经网络可以通过"记住"前十个词来处理文本，长短时记忆网络可以通过"记住"许多帧之前发生的事情来处理视频帧。长短时记忆网络也广泛应用于写作和语音识别。

存储单元实际上由一些元素组成，称为门，它们是递归性的，并可以控制信息如何被记住和放弃。

5. 自动编码器

自动编码器（Auto Encoder）是一种由输入层、隐藏层（编码层）、解码层组成的神经网络。该网络的目的是重构输入，使其隐藏层学习到该输入的良好表征。这是一种无监督机器学习算法，应用了反向传播，可将目标值设置为与输入值相等。自动编码器的训练目标是将输入复制到输出。在内部，它有一个描述用于表征其输入代码的隐藏层，用于分类、聚类和特征压缩。当训练前馈神经网络进行分类时，必须在 Y 类别中提供 X 个示例，并且期望 Y 个输出单元格中的一个被激活，这称为监督学习。此外，自动编码器可以在没有监督的情况下进行训练。当隐藏单元数量少于输入单元数量（并且输出单元数量等于输入单元数）时，在自动编码器被训练过程中，输出尽可能接近输入的方式，强制自动编码器泛化数据并搜索常见模式。

6. 霍普菲尔德神经网络

霍普菲尔德神经网络（HNN）是神经网络发展历史上的一个重要里程碑，由美国加州理工学院的物理学家 J.J.Hopfield 教授于 1982 年提出，是一种单层反馈神经网络。HNN 按照处理输入样本的不同，可以分成两种不同的类型：离散型（DHNN）、连续型（CHNN）。前者适合于处理输入为二值逻辑的样本，主要用于联想记忆；后者适合于处理输入为模拟量的样本，主要用于分布存储。前者使用一组非线性差分方程来描述神经网络状态的演变过程；后者使用一组非线性微分方程来描述神经网络状态的演变过程。这种网络对一套有限的样本进行训练，所以它们用相同的样本对已知样本做出反应。每个样本在训练前都作为输入样本，在训练中都作为隐藏样本，在训练之后都被用作输出样本。

在 HNN 试着重构受训样本时，它们可以用于给输入值降噪和修复输入。如果给出一半图像或数列用于学习，就可以反馈全部样本。

7. 玻尔兹曼机

玻尔兹曼机（BM）是随机神经网络和递归神经网络的一种，由杰弗里·辛顿（Geoffrey Hinton）和特里·谢泽诺斯基（Terry Sejnowski）于 1985 年发明。玻尔兹曼机可被视作随机过程的、可生成的相应的霍普菲尔德神经网络。它是最早能够学习内部表达，并能解决复杂的组合优化问题的神经网络。玻尔兹曼机和 HNN 非常类似，有些单元被标记为输入的同时也是隐藏单元。在隐藏单元更新其状态时，输入单元就变成了输出单元

（在训练时，BM 和 HNN 逐个更新单元，而非并行）。这是第一个成功保留模拟退火方法的网络拓扑。

多层叠的玻尔兹曼机可以用于所谓的深度信念网络，深度信念网络可以用作特征检测和抽取。

8. 深度卷积神经网络

现代意义上的深度卷积神经网络（DCNN）起源于 AlexNet[4]，它是深度卷积神经网络的鼻祖。相比之前的卷积网络，深度卷积神经网络的最显著特点是层次加深、参数规模变大。目前，它在人工智能的图像识别中的应用非常广泛。它具有卷积单元（或者池化层）和内核，每一种都用于不同目的。卷积核事实上用于处理输入的数据，池化层用于简化它们（大多数情况是用非线性方程，如 max），以减少不必要的特征。

这类网络通常被用于图像识别，它们在图像的一小部分上运行（大约 20 像素×20 像素）。输入窗口逐像素地沿着图像滑动。然后，数据流向卷积层，卷积层形成一个漏斗（压缩被识别的特征）。从图像识别来讲，第一层识别梯度，第二层识别线，第三层识别形状，依次类推，直到特定的物体那一级。深度前馈神经网络通常被接在卷积层的末端，方便未来的数据处理。

9. 生成对抗网络

生成对抗网络（GAN）[17]代表了由生成器和分辨器组成的双网络大家族。它们一直在相互对抗——生成器试着生成一些数据，而分辨器接收样本数据后试着分辨出哪些是样本，哪些是生成的。只要能够保持两种神经网络训练之间的平衡，那么在不断进化的过程中，这种神经网络就可以生成实际图像。这是非监督式学习的一种方法，由伊恩·古德费洛等人于 2014 年提出，具体而言，就是通过让两个神经网络以相互博弈的方式进行学习。生成对抗网络由一个生成网络与一个判别网络组成。生成网络从潜在空间中随机取样作为输入，其输出结果需要尽量模仿训练集中的真实样本。判别网络的输入为真实样本（或生成网络）的输出，其目的是将生成网络的输出从真实样本中尽可能分辨出来；而生成网络则尽可能地欺骗判别网络。这两个网络相互对抗、不断调整参数，最终目的是使判别网络无法判断生成网络的输出结果是否真实。

10. 支持向量机

很多时候，支持向量机（SVM）并不被称为神经网络。这类技术用于二元分类工作，无论这个网络处理维度（或输入）有多少，结果都为"是"或"否"。在机器学习中，标记数据支持向量机在分类与回归分析中分析数据的监督式学习模型与相关的学习算法。给定一组训练实例，每个训练实例都被标记为两个类别中的某一个，SVM 训练算法创建一个将新的实例分配给两个类别之一的模型，使其成为非概率二元线性分类器。SVM 模型将实例表示为空间中的点，这样映射就使得单独类别的实例被尽可能宽的间隔明显分开。然后，将新的实例映射到同一空间，并基于它们落在间隔的哪一侧来预测所属类别。支持向量机的核心是将向量映射到一个更高维的空间，在该空间建立一个最大间隔超平面。在分开数据的超平面的两侧建有两个互相平行的超平面，分隔超平面使这两个平行超平面的距离最大化。平行超平面间的距离（或差距）越大，分类器的总误差就越小。

以上是几种常见神经网络模型的基本结构和简要介绍，每一种都有相应的理论基础支撑。如果读者需要对某种模型进一步了解，可以查阅相应的详细资料。

第 3 章　图像分类对抗概述

3.1　深度神经网络的脆弱性

Christian Szegedy 等人在 ICLR 2014 发表的论文中提出了对抗样本（adversarial examples）的概念，即在数据集中通过故意添加细微的干扰来形成受干扰的输入样本，导致模型以高置信度给出错误输出。在他们的论文中，他们发现包括卷积神经网络（Convolutional Neural Network，CNN）在内的深度学习模型对于对抗样本都具有极高的脆弱性。他们提到，在很多情况下，在训练集的不同子集上训练得到的具有不同结构的模型都会对相同的对抗样本实现误分，这意味着对抗样本成为训练算法的一个盲点。Anh Nguyen 等人[18]在 CVPR 2015 发表的论文中提到，他们发现对于一些人类完全无法识别的样本（论文中称为 Fooling Examples），深度学习模型能以高置信度将它们进行分类。这些研究的提出，迅速吸引了公众的注意力，有人将其视为深度学习的深度缺陷，可是数据科学网站 KDnuggets 上的一篇文章 *Deep Learning's Deep Flaws* 指出：事实上，深度学习对于对抗样本的脆弱性并不为深度学习独有，而是在很多的机器学习模型中普遍存在的，因此进一步研究有利于抵抗对抗样本的算法，将有利于整个机器学习领域的进步。

由此可见，深度神经网络在一些情况下是脆弱的，其脆弱性可能对用户（或应用）造成一定危害。在图像识别系统中，深度神经网络特别容易受到对抗样本的攻击。针对图像分类和目标检测领域[19-25]，如果在人脸身份认证、自动驾驶等安全应用中，有利用对抗技术生成对抗样本进而进行欺骗行为的存在，那么将导致严重后果。对于人脸身份认证领域中的人脸支付或者人脸解锁应用，如果有恶意分子假冒当事人进行付款或者解锁手机，将造成当事人财产损失或隐私泄露；在自动驾驶领域中，如果有不法分子对交通标志牌做手脚，欺骗自动驾驶汽车，将导致汽车无法识别此标志牌或者将其错误分类，后果则不堪设想。为了防止此类欺骗行为，就需要深入研究神经网络脆弱的原因，以及对抗样本产生的内在机理。

　　在深度神经网络中，研究以上欺骗行为的领域属于智能对抗领域。基于图像的智能对抗领域在近几年已成为深度学习领域的一个新研究方向，此领域中的欺骗行为是指对抗样本对分类模型的欺骗。干净样本是指自然得到的、没有经过刻意修饰的数据，如数据集 PASCAL VOC[26]、ImageNet[27]、COCO[28]中的样本。例如，在图 3-1-1 中，原始图像（干净样本）以 57.7%的置信度被分类为 panda，但添加扰动后，以 99.3%的置信度被分类为 gibbon；在图 3-1-2 中，本来被分类为 jay 的图像，在添加了肉眼无法察觉的扰动之后被模型错误地分类为 mask。

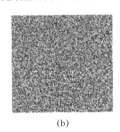

(a)　　　　　　　　　　　(b)　　　　　　　　　　　(c)

图 3-1-1　对抗样本示例 1[29]

（a）原始图像，以 57.7%的置信度分类为 panda；（b）噪声；
（c）对抗样本，以 99.3%的置信度分类为 gibbon

(a)　　　　　　　　　　　　　　　(b)

图 3-1-2　对抗样本示例 2

（a）原始图像，被分类为 jay；（b）添加了肉眼无法察觉的扰动之后的对抗样本，被错误地分类为 mask

图 3-1-1 所示的 panda 对抗样本是一个有针对性的（targeted）例子，也可以被称为靶向攻击。少量精心构造的噪声被添加到图像中，从而导致神经网络对图像进行错误的分类。然而，这个图像在人类看来与原始图像一样。还有一些无针对性（non-targeted）的例子，它们只是简单地尝试找到某个能蒙骗神经网络的输入，又被称为非靶向错分。对于人类而言，这种输入看起来可能像白噪声。但是，因为没有被限制为寻找对人而言类似某物的输入，所以这个问题要容易得多。

之所以深度神经网络中有对抗样本的存在，是因为其自身存在漏洞，从而使深度学习对于对抗样本表现出脆弱性。目前对这种脆弱性还没有一种完全令人信服的解释，无法获知确切原因。一种推断性的解释是深度神经网络的高度非线性特征，以及纯粹的监督学习模型中不充分的模型平均和不充分的正则化所导致的过拟合。但 Goodfellow[29]在 ICLR 2015 发表的论文中提出，通过在一个线性模型加入对抗干扰，只要线性模型的输入拥有足够的维度（事实上在大部分情况下，模型输入的维度都比较大，因为维度过小的输入会导致模型的准确率过低），线性模型就会对对抗样本表现出明显的脆弱性。这一结果否定了关于对抗样本是因为模型的高度非线性的说法；相反，其认为深度学习中对抗样本的存在是由于模型的线性特征。

关于对抗样本，有必要强调其中的一个重要概念——可转移性。可转移性是对抗样本的常见属性之一。Szegedy 等人[30]率先发现，一个基于神经网络生成的对抗样本可以欺骗使用不同数据集训练的相同的神经网络；Papernot 等人[31]发现，一个基于神经网络生成的对抗样本可以欺骗其他不同结构的神经网络，甚至可以欺骗那些使用不同机器学习算法训练过的分类器。可转移性的发现对于黑盒攻击具有重要意义，攻击者可以利用对抗样本的可转移性[32]，在攻击目标模型之前选择一个白盒深度神经网络替代模型，并生成对抗样本来攻击这个替代模型。通过这种方式生成的对抗样本可以以一定概率来实现对黑盒模型的成功攻击。现阶段，在不同训练任务的所有不同神经网络之间的转移是难以发现的（例如，将目标检测的对抗样本转移到语义分析中）。现在已有许多研究人员通过对对抗样本的可转移性进行验证来演示对抗样本的性能。

对抗攻击的现象不是相对于某一种特殊的神经网络而存在的，相反，它是普遍存在的，其中包括典型的网络结构，如卷积神经网络、循环神经网络等。对抗样本的存在，对深度神经网络的发展起着积极作用；对抗样本的出现，指出了深度神经网络存在的漏洞。对抗样本要想成功欺骗深度神经网络，就必须用更先进的技术伪装自己；深度神经网络要想能够防御对抗样本，就要从各方面完善自身。双方博弈的最终结果是深度神经网络将变得更加鲁棒、成熟。

3.2　对抗目标环境及对抗效果类型

在对抗深度学习模型的过程中，按照攻击者对目标模型的内部细节了解程度，可以分为白盒攻击、黑盒攻击和灰盒攻击，其中主要分为白盒攻击和黑盒攻击。这两者的区别在于白盒攻击者能够获得深度学习模型的参数架构和训练集等信息；黑盒攻击者则受到更多约束，往往只能通过查询来访问模型，并且只能获得模型的分类结果而无法获取其他任何信息，相对应的攻击难度也大幅提升。目前白盒对抗样本的生成方法已经发展得比较成熟，即攻击者在对想要攻击的目标模型有充分了解的前提下，通过获取目标模型的参数、结构和训练数据等信息来实现攻击，这种攻击可以达到很高的成功率。但由于深度学习的应用往往是远程部署，只能有访问权限而得不到详细的内部信息，所以在实际情况下白盒攻击的实用性并不高。因此，对于攻击深度学习模型而言，黑盒攻击更加符合现实情况。尽管如此，在对抗过程中，针对白盒的攻击方法仍然是很多黑盒攻击的技术基础。白盒攻击，是指攻击方知道被攻击方模型包括模型架构、模型权重、模型梯度和激活函数等在内的所有内部信息，以及被攻击方模型的训练集，攻击方在生成对抗样本时，需要使用这些已知的模型内部信息去计算相应的数值。

相对白盒攻击而言，黑盒攻击在生成对抗样本时所能利用的信息量少之又少。在黑盒攻击中，攻击方获取不到被攻击方模型的内部信息，也获取不到被攻击方模型的训练集，只能获取被攻击方模型的输出，并且攻击方只能通过利用被攻击方模型输出的信息来生成对抗样本。黑盒攻击的具体特性可以归纳为以下五点：

（1）无法获取模型的网络架构，也不知道模型的层数、激活函数、模型的权重和偏置等信息。

（2）无法获取模型的梯度和 logits 层数据。

（3）无法获取模型的训练集以及相关的训练信息。

（4）有限的查询次数。在生成对抗样本的过程中，不能使用类似的图像对模型进行无限次数的查询，否则会引起被攻击方的警惕，从而提升后续攻击的难度。

（5）对于黑盒分类模型，假定只能获取黑盒分类模型返回的 top－1 分类标签及置信度；对于黑盒目标检测模型，假定只能获取黑盒目标检测模型返回的对所能检测出来的所有物体的定位信息以及这些物体对应的 top－1 分类标签和置信度。

灰盒攻击，是指攻击方在生成对抗样本时所需的信息量介于白盒攻击和黑盒攻击之间的一种攻击方式。在此情况下，攻击方只有知道被攻击方模型的训练集或者被攻击方模型的部分内部信息，才能生成对抗样本。

相对白盒攻击和灰盒攻击而言，黑盒攻击在生成对抗样本时所需的信息量是最少的，因此黑盒攻击的困难度在这三种攻击中是最高的。黑盒攻击是最贴近于真实场景的一种攻击方式。在真实环境下，被攻击方模型的内部信息只有内部人员了解，外围人员很难窃取，攻击方一般只能获取被攻击方模型针对不同输入的输出信息。因此白盒攻击和灰盒攻击在真实环境下是不可取的，只能采取黑盒攻击的方法进行攻击。

另外，依据攻击的目的/效果不同，可以将对抗深度学习模型分为目标攻击或者靶向攻击，以及非目标攻击或者非靶向攻击。靶向攻击也就是对于被攻击样本的错误分类方向有限制，需要在使其错误分类的基础上能够被错误分类为攻击方所指定的分类标签。目标对抗样本是通过目标攻击所形成的样本，将精心构造的样本输入分类模型后，分类模型能够以较高的置信度将输入样本分类为指定类别。非目标攻击或者非靶向攻击，就是对于被攻击样本的错误分类方向没有限制，只需要达到错误分类的目标。非目标对抗样本是通过非目标攻击形成的样本，将精心构造的样本输入分类模型后，输入样本只要不被分类模型分类为真实类别即可，输入样本可以被分类模型分类为其他任意类别。

在攻击难度比较上，由于目标对抗样本在生成的过程中要一直保持住目标类这一个标签，而非目标对抗样本在生成的过程中只要不被分类模型分类为真实类别即可，无须固定为一个指定的标签，因此在攻击分类模型时，目标攻击相比非目标攻击要难一些。

目前，对于白盒攻击的方法相对较多、较成熟。

Szegedy 等人最先提出了简单界约束 L−BFGS（Large BFGS，BFGS 为主要研究人员的名字首字母）攻击；而后，Goodfellow 等人[29]提出了基于梯度的快速梯度下降法（Fast Gradient Sign Method，FGSM）；接着，Kurakin 等人[33]在 FGSM 的基础上提出了基于迭代的 Iterative Fast Gradient Sign Method（I−FGSM）攻击方法，此方法提高了攻击成功率；后续，Dong 等人[34]基于 I−FGSM 提出了基于动量的迭代攻击方法 Momentum Iterative Fast Gradient Sign Method（MI−FGSM），从而使对抗样本更加稳定和快速地生成；Papernot 等人[35]提出了基于雅可比的显著性特征图攻击方法（Jacobian- based Saliency Map Attack，JSMA）；随后，Carlini 和 Wagner 等人[36]提出了能生成高置信度对抗样本的攻击方法 Carlini and Wagner attack（C&W）。

对于黑盒攻击的方法相对较难，有基于转移性的攻击、基于决策边界的攻击等方法。

（1）替代模型攻击方法[31,37,38]，也就是基于转移性的攻击。早期，Papernot 等人提出了通过构建替代模型的方法，然后在替代模型上使用白盒攻击的方法生成对抗样本，进而对黑盒模型进行攻击。替代模型的训练过程：将替代模型的训练集图像信息输入黑盒模型后，记录其对应的输出标签，然后对替代模型进行训练。其缺点有：一方面，攻击方在不知道对方模型使用何种架构、网络模型有多少层以及具体有多少网络参数的情况下，较难对目标模型进行准确模拟；另一方面，当对方模型有所改变后，基于替代模型生成的对抗样本会在成功率上大打折扣，如果对方模型的改动较大，则严重时会导致替代模型完全失灵。

（2）单像素攻击。Su 等人[39]提出了一种名为 One Pixel Attack（单像素攻击）的攻击方法，从名称上可以看出，这种攻击方法的特点是只修改干净样本中的几个甚至一个像素点即可完成攻击。Su 等人声称这种攻击方法能够使 73.8%的测试图像在只修改一个像素点的情况下以平均 98.7%的置信度成功生成对抗样本。他们每次通过随机修改像素点来生成新的图像，经过多次迭代后，将最后存活的最优图像作为最后的对抗样本。图 3-2-1 展示了通过仅修改一个像素即可完成的目标攻击，括号内为目标类别，括号外为原始类别。但是，单像素攻击基本只对包含较少像素信息的图像可行，如 CIFAR-10 数据集和 MNIST 数据集中的图像，而对于 ImageNet 数据集中信息量比较大的图像则显得力不从心。

（3）决策边界攻击（Boundary attack）。Wieland Brendel 等人[40]提出了基于决策边界的 Boundary attack 攻击方法，这是一种完全依赖于模型最终决策（如黑盒模型返回的 top-1 分类标签）的直接攻击。对于目标攻击而言，虽然此论文并没有给出每生成一张对抗样本所需的平均查询次数，但从论文中给出的具体案例以及随着查询次数的增加当前样本与原始图像（即干净样本）的 L_2 距离（正则范数）逐渐减小的曲线来看，平均每成功生成一幅对抗样本的查询次数在 10 万次左右。对于非目标攻击而言，此论文也并未给出具体的数值，只给出了一个具体案例，但并未对此案例的难易生成程度作声明，因此无法仅根据这一案例对所有案例做出综合评估。但此方法在生成对抗样本时所需的黑盒模型查询次数比较多。将相似图像在黑盒模型上查询的次数越多，也就意味着被发现的概率越大。此外，查询次数越多，对抗样本的生成时间就越长。

airplane (dog)　automobile (dog)　automobile (airplane)　cat (dog)　dog (ship)

deer (dog)　frog (dog)　frog (truck)　dog (cat)　frog (truck)

horse (cat)　ship (truck)　horse (automobile)　dog (horse)　ship (truck)

图 3-2-1　基于 One Pixel Attack 的目标攻击

（4）NES+PGD。NES 是一种进化计算方法，即自然进化策略[41]。Ilyas 等人[42]提出了使用 Projected Gradient Descent（PGD）和 Natural Evolutionary Strategies（NES）梯度估计的方法实施黑盒攻击，此方法不需要使用替代模型，且比基于有限差分的方法速度快 2～3 倍。在真实场景中，攻击者不可能获取黑盒模型返回的全部信息，基于此情况，他们表示仅通过黑盒模型返回的部分信息（黑盒模型返回的 $top-k$ 分类标签及其置信度）就可以生成目标对抗样本，并且能够有较高成功率。使用此方法既可以进行目标攻击，又可以进行非目标攻击，并且在 CIFAR-10 和 ImageNet 数据集上都适用。该方法在进行目标攻击时，通过使用黑盒模型返回的 top-10 分类标签以及置信度，能够做到在平均每幅图像查询黑盒模型 104 342 次的情况下，有 95.5% 的对抗样本成功生成，且平均置信度为 89%。虽然该方法在生成对抗样本的过程中仅使用了 $top-k$ 分类标签及置信度，但是所使用的信息量还有下降的空间。总体来看，该方法在成功生成对抗样本时所需查询黑盒模型的次数较多，成功率有一定的提升空间，成功生成的对抗样本的置信度也有上升空间。

3.3　主要评价标准

从不同角度来看，对对抗样本的评价有很多种，以下介绍常见的几种。

1. 错误分类性

错误分类[43]是生成对抗样本的最基本要求，也是对抗样本的基本特性。对于目标攻击和非目标攻击，有不同的错误分类要求。对于一个攻击算法错误分类性的评估，可以包括两方面：错误分类率；错误分类的标签置信度。错误分类率是指在利用特定的攻击算法攻击一组测试样本来生成对抗样本时，生成的对抗样本能够欺骗分类器的数目占所有的测试样本总数的百分比。一般认为，错误分类率与算法攻击强度成正比。在这个基础上，使用错误分类的置信度来进一步评估错误分类性，具体表示为所有攻击成功的对抗样本的平均置信度，错误分类的标签置信度表明被错误分类的可能性，二者成正比。

2. 不可见性

不可见性也是生成对抗样本的基本要求，即生成的对抗样本中的扰动是肉眼不可见的。通常，这一要求包含在攻击算法的目标函数中，大多使用正则范数来控制扰动的大小，常用的有 L_0、L_2 和 L_∞。其中 L_0 范数是指向量中非零元素的个数，若希望扰动对肉眼不可见，则要求 L_0 范数足够小，即希望向量中的大部分元素为 0，此处的向量表示原始图像和对抗样本之间的距离。L_2 范数表示为 w_2，得出的结果为向量 w 各元素的平方和的平方根，这就要求向量中的每个元素都很小，任何一个元素过大都可能引起 L_2 过大。L_∞ 范数用于求得向量中最大的元素值，与 L_0 和 L_2 相似，这也要求向量中不能存在特别大的元素。

3. 鲁棒性

由于在现实世界中，对抗样本在作为输入数据被输入分类网络前，必然经历包括自然噪声在内的转换处理过程，因此鲁棒性就作为对抗样本能否在各种现实情况下维持原有的攻击能力的评判标准。度量鲁棒性不是依靠度量对每一种转化处理的鲁棒性，因为现实世界中的转换处理是不可枚举的。通常，为了度量鲁棒性，会选取具有代表性的不同处理方法，如叠加高斯噪声、压缩图像等。通过这样的方式生成的对抗样本的错误分类率如果与未处理过的情况下相似，就可以说这种攻击算法产生的对抗样本具有鲁棒性。

4. 攻击效率

攻击效率即攻击算法生成对抗样本的平均时间。时间越短，效率就越高。只有掌握了不同攻击算法的攻击，才能对它们进行比较，从而筛选出相对于实际情况更符合的攻击算法，同时攻击效率也会影响对抗训练中训练模型的效率。

5. 可转移性

可转移性是对抗样本的常见属性之一。Szegedy 等人首次发现一个基于神经网络生成的对抗样本可以欺骗使用不同数据集训练的相同的神经网络。Papernot 等人发现一个基于神经网络生成的对抗样本可以欺骗其他不同结构的神经网络，甚至可以欺骗那些使用不同机器学习算法训练过的分类器。对于黑盒攻击算法，对抗样本的可转移性在无法了解被攻击的深度神经网络的内部情况下至关重要。攻击者可以利用对抗样本的可转移性，在攻击目标模型之前，选择一个替代深度神经网络模型，并生成对抗样本来攻击这个替代模型。通过这样的方式生成的对抗样本可以很容易地攻击一个黑盒模型。从防御的观点来看，如果可以找到一种方法停止对抗样本的可转移性，那么防御者就可以防御所有需要了解内部结构参数的白盒攻击算法。

可以从简单到困难的三个维度来定义对抗样本的可转移性：

（1）在相同的神经网络结构不同的训练数据集之间转移。

（2）在不同的神经网络结构相同的训练任务之间转移。

（3）在不同训练任务的所有不同神经网络之间转移（如说将目标检测

的对抗样本转移到语义分析中)。现在已经有许多研究人员对对抗样本的可转移性进行验证来试验对抗样本的性能。

3.4　对抗样本生成过程实例

本节通过三个实际对抗样例(Python 语言编写)来展示对抗样本的生成过程。示例 1,利用 PSO(Particle Swarm Optimization,粒子群优化)优化方法生成非靶向对抗样本;示例 2,利用 PSO 优化方法生成靶向对抗样本;示例 3,利用 CMA[44](Covariance Matrix Adaptation,自适应协方差矩阵进化优化)算法生成靶向对抗样本。注意,此处仅给出了程序的主要框架,并不表示其中包含全部可用代码。

示例 1:利用 PSO 优化方法生成非靶向对抗样本

这段代码主要是基于 PSO 的非靶向攻击算法,其中主要融合了初始种群生成、适应度函数、速度更新公式和算法终止条件。

```
...
TImg = np.clip(SImg + 2*np.random.randn(299,299,3),0.0,1.0)
...
import os
import tensorflow as tf
os.environ["CUDA_VISIBLE_DEVICES"]="1"
config = tf.ConfigProto()
config.gpu_options.allow_growth = True
import PIL
from PIL import Image
from inception_v3_imagenet import model,SIZE
import matplotlib
# Must be before importing matplotlib.pyplot or pylab!
matplotlib.use('Agg')
import matplotlib.pyplot as plt
from utils import *
from scipy.stats import norm
from imagenet_labels import label_to_name
import numpy as np
import sys
```

```
import shutil
import time
import scipy.misc
import math
def main():
    global UnVaildExist
    global config
    QueryTimes=0
    MaxEpoch=10000
    NumClasses=1000
    # InputDir="experiment_datasets/robin__starfish/"
    # OutDir="PSO_START_FROM_Y_softmax_fuben/"
    InputPath="Untarget_picture/ILSVRC2012_test_00001105.
JPEG"
    OutDir="Untarget_picture_Result/ILSVRC2012_test_
00001105___N=3___round=5---new"
    continuous_round=5
    mark=0
    ImageShape=(299,299,3)
    Sigma=15
    k=0.729
    Phi=4.1
    Phi1=1.7
    Phi2=2.4
    pNumber=3
    data_list=[]
    if os.path.exists(OutDir):
        shutil.rmtree(OutDir)
    os.makedirs(OutDir)
    with tf.Session(config=config) as sess:
    GetImage=tf.placeholder(shape=(1,299,299,3),dtype=
tf.float32)
        GetC,GetP=model(sess,GetImage)
        #(299,299,3)
        TestImge=tf.placeholder(shape=
    ImageShape,dtype=tf.float32)
        # (1,299,299,3)
        TestImgeEX=tf.reshape(TestImge,
shape=(1,299,299,3))
        TestC,TestP=model(sess,TestImgeEX)
        GenI=tf.placeholder(shape=(pNumber,299,299,3),
```

```
dtype=tf.float32)
        GenC,GenP=model(sess,GenI)
        Logits=tf.placeholder(shape=(pNumber,1000),
dtype=tf.float32)
        Softmax=tf.nn.softmax(Logits)
        SourceImg=tf.placeholder(dtype=tf.float32,shape=
(299,299,3))
        Persons=tf.placeholder(shape=(pNumber,299,299,3),
dtype=tf.float32)
        L2Distance=tf.sqrt(tf.reduce_sum(tf.square(Persons-
SourceImg),axis=(1,2,3)))
        def render_frame(sess,image,L2D,Top_One_SM,save_
index,SourceClass,TargetClass):
        scipy.misc.imsave(os.path.join(OutDir,'query_%d_L2_%.
1f_TopOneSM_%.4f.png'%(save_index,L2D,Top_One_SM)),image)
        def get_image(sess,path):
            x=load_image(path)
            tempx=np.reshape(x,(1,299,299,3))
            y=sess.run(GetP,{GetImage:tempx})
            y=y[0]
            return x,y
        SImg,SClass=get_image(sess,InputPath)
        SImg_temp=np.reshape(SImg,(1,299,299,3))
        CP,PP=sess.run([GetC,GetP],{GetImage: SImg_temp})
        CP_temp=np.repeat(np.expand_dims(CP,axis=0),
pNumber,axis=0)
        CP_temp=np.reshape(CP_temp,(pNumber,1000))
        SM=sess.run(Softmax,feed_dict={Logits:CP_temp})
        zhixindu=SM[0][SM[0].argsort()[-1]]
        print('zhixindu:',zhixindu)
        print('SM:',SM)
        print('SClass:',SClass)
        SClass_name=label_to_name(SClass)
        print('SClass_name:',SClass_name)
        TImg=np.clip(SImg+2*np.random.randn(299,299,3),
0.0,1.0)
        tempx=np.reshape(TImg,(1,299,299,3))
        TClass=sess.run(GetP,{GetImage:tempx})
        TClass=TClass[0]
        print('TClass',TClass)
        # TImg,TClass=get_image(sess,index2)
```

```
        if TClass==SClass:
            LogText="SClass== TClass"
    LogFile=open(os.path.join(OutDir,'log%d.txt'%p),'w+')
        LogFile.write(LogText+'\n')
        print(LogText)
        x=np.zeros(shape=(pNumber,299,299,3),dtype=float)
        xOld=np.zeros(shape=(pNumber,299,299,3),dtype=
float)
        xOldOld=np.repeat(np.expand_dims(TImg,axis=0),
pNumber,axis=0)
        v=np.zeros(shape=(pNumber,299,299,3),dtype=float)
        pbest=np.zeros(shape=(pNumber,299,299,3),dtype=
float)
        pbestFitness=np.zeros(shape=(pNumber),dtype=float)
        gbest=np.zeros(shape=(299,299,3),dtype=float)
        gbestFitness=0
        gbestFitnessOld=0
        Top_One_SM=np.zeros(shape=(pNumber),dtype=float)
        fitness=np.zeros(shape=(pNumber),dtype=float)
    L2D=np.zeros(shape=(pNumber),dtype=float)
        L2D_gbest=0.0
        Top_One_SM_gbest=0.0
        sign_gbest=0
        Top_One_SM_SUM_round=np.ones(shape=(continuous_
round),dtype=float)
        x_round=np.zeros(shape=(continuous_round,pNumber,
299,299,3),dtype=float)
        xOld_round=np.zeros(shape=(continuous_round,pNumber,
299,299,3),dtype=float)
        xOldOld_round=np.zeros(shape=(continuous_round,
pNumber,299,299,3),dtype=float)
        gbest_round=np.zeros(shape=(continuous_round,
pNumber, 299,299,3),dtype=float)
        for i in range(MaxEpoch):
            Start=time.time()
            if i==0:
                x=TImg+0.005*np.random.randn(pNumber,299,299,3)
                x=np.clip(x,0.0,1.0)
                x_round[i]=np.copy(x)
                xOld=np.copy(x)
```

```
                    xOld_round[i]=np.copy(xOld)
                    xOldOld_round[i]=np.copy(xOldOld)
                 L2D=sess.run(L2Distance,feed_dict={SourceImg:
SImg,Persons:x})
                    CP,PP=sess.run([GenC,GenP],{GenI:x})
                    CP=np.reshape(CP,(pNumber,1000))
                    SM=sess.run(Softmax,feed_dict={Logits:CP})
                    for j in range(pNumber):
                        if SM[j].argsort()[-1]!=SClass:
                            Top_One_SM[j]=SM[j][SM[j].argsort()[-1]]
                        else:
                            Top_One_SM[j]=0
                    Top_One_SM_SUM=0
                    for b in range(pNumber):
                        Top_One_SM_SUM=Top_One_SM_SUM+Top_One_SM[b]
                        Top_One_SM_SUM_round[i]=Top_One_SM_SUM
                        fitness=Sigma*Top_One_SM-L2D
                        data_list.append([L2D,Top_One_SM])
                        print("di",i,"lun")
                        print("l2distance:",L2D)
                        print("Softmax:",Top_One_SM)
                        pbest=np.copy(x)
                        pbestFitness=np.copy(fitness)
                        gbest=np.copy(pbest[0])
                        gbestFitness=fitness[0]
                    for m in range(pNumber):
                        if pbestFitness[m]>gbestFitness:
                            gbestFitness=pbestFitness[m]
                            gbest=np.copy(pbest[m])
                            L2D_gbest=L2D[m]
                            Top_One_SM_gbest=Top_One_SM[m]
                    gbest_round[i]=np.copy(gbest)
                    render_frame(sess,gbest,L2D_gbest,Top_One_SM_
gbest,i,SClass,TClass)
                    gbestFitnessOld=gbestFitness
                else:
                    if mark==0:
                        Top_One_SM_SUM_round_Sum=0
                        for d in range(1,continuous_round):
                            Top_One_SM_SUM_round_Sum += Top_One_
SM_SUM_round[d]
```

```
                    if bool(1-(Top_One_SM_SUM_round[0]!=0 and
Top_One_SM_SUM_round_Sum==0)):
                            pv=k*((xOld-xOldOld)/2+Phi1*np.random.
rand()*(pbest-x)+Phi2*np.random.rand()*(gbest-x)+(SImg-x)/30+
np.random.randn(pNumber,299,299,3)/70)
                            x=x+pv
                            x=np.clip(x,0.0,1.0)
                            if i<=continuous_round-1:
                                x_round[i]=np.copy(x)
                            else:
                                x_round[:continuous_round-1]=np.
copy(x_round[1:])

                                x_round[continuous_round-1]=np.copy(x)
                    else:
                        x=x_round[0]
                        xOld=xOld_round[0]
                        xOldOld=xOldOld_round[0]
                        gbest=gbest_round[0]
                        mark=1
                else:
                    if i<50:
                        pv=k*((xOld-xOldOld)+Phi2*np.random.
rand()*(gbest-x)+(SImg-x)/400+np.random.randn(pNumber,299,
299,3)/1000)/2
                        x=x+pv
                        x=np.clip(x,0.0,1.0)
                    elif i<200:
                        pv=1.2*((xOld - xOldOld)/10+Phi2*np.
random.rand()*(gbest-x)+(SImg-x)/1000+np.random.randn
(pNumber,299,299,3)/3000)
                        x=x+pv
                        x=np.clip(x,0.0,1.0)
                    elif i<600:
                        pv=1.2*((xOld-xOldOld)/10+Phi2*np.
random.rand()*(gbest-x)+(SImg-x)/1000+np.random.randn(pNumber,
299,299,3)/3000)
                        x=x+pv
                        x=np.clip(x,0.0,1.0)
                    elif i<1000:
                        pv=1.2*((xOld-xOldOld)/10+Phi2*np.
random.rand()*(gbest-x)+(SImg-x)/1200+np.random.randn
```

```
(pNumber,299,299,3)/4000)
                        x=x+pv
                        x=np.clip(x,0.0,1.0)
                    elif i<1500:
                        pv=1.2*((xOld-xOldOld)/10+Phi2*np.
random.rand()*(gbest-x)+(SImg-x)/1500+np.random.randn
(pNumber,299,299,3)/5000)
                        x=x+pv
                        x=np.clip(x,0.0,1.0)
                    else:
                        pv=1.2*((xOld-xOldOld)/10+Phi2*np.
random.rand()*(gbest-x)+(SImg-x)/3000+np.random.randn
(pNumber,299,299,3)/5000)
                        x=x+pv
                        x=np.clip(x,0.0,1.0)
                xOldOld=np.copy(xOld)
                xOld=np.copy(x)
                CP,PP=sess.run([GenC,GenP],{GenI:x})
                CP=np.reshape(CP,(pNumber,1000))
                SM=sess.run(Softmax,feed_dict={Logits:CP})
                for c in range(pNumber):
                    if SM[c].argsort()[-1]!=SClass:
                        Top_One_SM[c]=SM[c][SM[c].argsort()[-1]]
                    else:
                        Top_One_SM[c]=0
                if mark==0:
                    Top_One_SM_SUM=0
                    for b in range(pNumber):
                        Top_One_SM_SUM=Top_One_SM_SUM+Top_
One_SM[b]
                    if i<=continuous_round-1:
                        xOld_round[i]=np.copy(xOld)
                        xOldOld_round[i]=np.copy(xOldOld)
                        Top_One_SM_SUM_round[i]=Top_One_SM_SUM
                    else:
                        xOld_round[:continuous_round-1]=np.
copy(xOld_round[1:])
                        xOld_round[continuous_round-1]=np.
copy(xOld)
                        xOldOld_round[:continuous_round-1]=
```

```
np.copy(xOldOld_round[1:])
                    xOldOld_round[continuous_round-1]=
np.copy(xOldOld)
                    Top_One_SM_SUM_round[:continuous_round-
1]=Top_One_SM_SUM_round[1:]
                    Top_One_SM_SUM_round[continuous_round-
1]=Top_One_SM_SUM
            L2D=sess.run(L2Distance,feed_dict=
        {SourceImg:SImg,Persons:x})
                fitness=Sigma*Top_One_SM-L2D
                for n in range(pNumber):
                    if fitness[n]>pbestFitness[n]:
                        pbestFitness[n]=fitness[n]
                        pbest[n]=np.copy(x[n])
                    if fitness[n]>gbestFitness:
                        sign_gbest=1
                        gbestFitness=fitness[n]
                        gbest=np.copy(x[n])
                        L2D_gbest=L2D[n]
                        Top_One_SM_gbest=Top_One_SM[n]
                if mark==0:
                    if i<=continuous_round-1:
                        gbest_round[i]=np.copy(gbest)
                    else:
                        gbest_round[:continuous_round-1]=np.
copy(gbest_round[1:])
                        gbest_round[continuous_round-1]=np.
copy(gbest)
                if sign_gbest==1:
                    render_frame(sess,gbest,L2D_gbest,
        Top_One_SM_gbest,i,SClass,TClass)
                    sign_gbest=0
                    gbestFitnessOldOld=gbestFitnessOld
                    gbestFitnessOld=gbestFitness
                    print("di",i,"lun")
                    data_list.append([L2D,Top_One_SM])
                    print("l2distance:",L2D)
                    print("Softmax:",Top_One_SM)
                End=time.time()
                UsingTime=End-Start
```

```
        np.savetxt('data2.txt',data_list)
        np.save('test2.npy',data_list)
    def load_image(path):
        image=PIL.Image.open(path)
        if image.height>image.width:
            height_off=int((image.height-image.width)/2)
        image=image.crop((0,height_off,image.width,height_off+
image.width))
        elif image.width>image.height:
            width_off=int((image.width-image.height)/2)
        image=image.crop((width_off,0,width_off+image.height,
image.height))
        image=image.resize((299,299))
        img=np.asarray(image).astype(np.float32)/255.0
        if img.ndim==2:
            img=np.repeat(img[:,:,np.newaxis],repeats=3,axis=2)
        if img.shape[2]==4:
            # alpha channel
            img=img[:,:,:3]
        return img
    if __name__=='__main__':
        main()
```

示例2：利用PSO优化方法生成靶向对抗样本

这段代码主要是基于PSO的靶向攻击算法,主要融合了初始种群生成、适应度函数、速度更新公式和算法终止条件。

```
import os
import tensorflow as tf
os.environ["CUDA_VISIBLE_DEVICES"]="2"
config=tf.ConfigProto()
config.gpu_options.allow_growth=True
import PIL
from PIL import Image
from inception_v3_imagenet import model,SIZE
import matplotlib
# Must be before importing matplotlib.pyplot or pylab!
matplotlib.use('Agg')
import matplotlib.pyplot as plt
from utils import*
from scipy.stats import norm
from imagenet_labels import label_to_name
```

```python
import numpy as np
import sys
import shutil
import time
import scipy.misc
import math
def main():
    global UnVaildExist
    global config
    QueryTimes=0
    MaxEpoch=20000
    NumClasses=1000
    InputDir="Target_experiment_datasets/10-10/10-10
experiment/"
    OutDir="Target_experiment_datasets/10-10/10-10
experiment result/ILSVRC2012_test_00012900___ILSVRC2012_test_
00099764"
    ImageShape=(299,299,3)
    Sigma=15
    k=0.729
    Phi=4.1
    Phi1=1.7
    Phi2=2.4
    # Phi1=2.8
    # Phi2=1.3
    pNumber=3
    if os.path.exists(OutDir):
        shutil.rmtree(OutDir)
    os.makedirs(OutDir)
    with tf.Session(config=config) as sess:
        # get image label
        GetImage=tf.placeholder(shape=(1,299,299,3),
dtype=tf.float32)
        GetC,GetP=model(sess,GetImage)
        TestImge=tf.placeholder(shape=ImageShape,dtype=
tf.float32)
        # (1,299,299,3)
        TestImgeEX=tf.reshape(TestImge,shape=(1,299,299,3))
        TestC,TestP=model(sess,TestImgeEX)
        # (299,299,3)
```

```
        GenI=tf.placeholder(shape=(pNumber,299,299,3),
dtype=tf.float32)
        GenC,GenP=model(sess,GenI)
        Logits=tf.placeholder(shape=(pNumber,1000),dtype=
tf.float32)
        Softmax=tf.nn.softmax(Logits)
        SourceImg=tf.placeholder(dtype=tf.float32,shape=
(299,299,3))
        Persons=tf.placeholder(shape=(pNumber,299,299,3),
dtype=tf.float32)
        L2Distance=tf.sqrt(tf.reduce_sum(tf.square
(Persons-SourceImg),axis=(1,2,3)))
        def render_frame(sess,image,L2D,Top_One_SM,save_
index,SourceClass,TargetClass):
            scipy.misc.imsave(os.path.join(OutDir,'query_%d_
L2_%.1f_TopOneSM_%.4f.png' %(save_index,L2D,Top_One_SM)),image)
            fig,axes=plt.subplots(1,2,figsize=(10,8))
            ax1,ax2=axes.ravel()
            # image
            ax1.imshow(image)
            fig.sca(ax1)
            plt.xticks([])
            plt.yticks([])
            # classifications
            probs=softmax(sess.run(TestC,{TestImge:image})[0])
            topk=probs.argsort()[-5:][::-1]
            topprobs=probs[topk]
            barlist=ax2.bar(range(5),topprobs)
            for i,v in enumerate(topk):
                if v==SourceClass:
                    barlist[i].set_color('g')
                if v==TargetClass:
                    barlist[i].set_color('r')
            plt.sca(ax2)
            plt.ylim([0,1.1])
            plt.xticks(range(5),[label_to_name(i)[:15] for i
in topk],rotation='vertical')
        fig.subplots_adjust(bottom=0.2)
            path=os.path.join(OutDir,'frame_query_%d_L2_%.
1f_TopOneSM_%.4f.png'%(save_index,L2D,Top_One_SM))
```

```
        if os.path.exists(path):
            os.remove(path)
        plt.savefig(path)
        plt.close()
    def get_image(sess,indextemp=-1):
        image_paths=sorted([os.path.join(InputDir,i) for
i in os.listdir(InputDir)])
        if indextemp!=-1:
            index=indextemp
        else:
            index=np.random.randint(len(image_paths))
        path=image_paths[index]
        x=load_image(path)
        tempx=np.reshape(x,(1,299,299,3))
        y=sess.run(GetP,{GetImage:tempx})
        y=y[0]
        return x,y
    file=os.open('Target_experiment_datasets/different_
target_image_experiment/ILSVRC2012_test_00011892___0.9982_
ILSVRC2012_test_00014461.txt',os.O_WRONLY)
    for p in range(1):
        index1=4
        index2=7
        SImg,SClass=get_image(sess,index1)
        print('SClass:',SClass)
        SClass_name=label_to_name(SClass)
        print('SClass_name:',SClass_name)
        SImg_temp=np.reshape(SImg,(1,299,299,3))
        CP,PP=sess.run([GetC,GetP],{GetImage:SImg_temp})
        CP_temp=np.repeat(np.expand_dims(CP,axis=0),
pNumber,axis=0)
        CP_temp=np.reshape(CP_temp,(pNumber,1000))
        SM=sess.run(Softmax,feed_dict={Logits:CP_temp})
        zhixindu=SM[0][SClass]
        print('zhixindu:',zhixindu)
        os.write(file,bytes('SClass:','UTF-8'))
        os.write(file,bytes(str(SClass),'UTF-8'))
        os.write(file,bytes('\n','UTF-8'))
        os.write(file,bytes('SClass_name:','UTF-8'))
        os.write(file,bytes(str(SClass_name),'UTF-8'))
```

```
            os.write(file,bytes('\n','UTF-8'))
            os.write(file,bytes('zhixindu:','UTF-8'))
            os.write(file,bytes(str(zhixindu),'UTF-8'))
            os.write(file,bytes('\n','UTF-8'))
            TImg,TClass=get_image(sess,index2)
            print('TClass:',TClass)
            TClass_name=label_to_name(TClass)
            print('TClass_name:',TClass_name)
            TImg_temp=np.reshape(TImg,(1,299,299,3))
            CP,PP=sess.run([GetC,GetP],{GetImage:TImg_temp})
            CP_temp=np.repeat(np.expand_dims(CP,axis=0),
pNumber,axis=0)
            CP_temp=np.reshape(CP_temp,(pNumber,1000))
            SM=sess.run(Softmax,feed_dict={Logits:CP_temp})
            zhixindu=SM[0][TClass]
            print('zhixindu:',zhixindu)
            os.write(file,bytes('TClass:','UTF-8'))
            os.write(file,bytes(str(TClass),'UTF-8'))
            os.write(file,bytes('\n','UTF-8'))
            os.write(file,bytes('TClass_name:','UTF-8'))
            os.write(file,bytes(str(TClass_name),'UTF-8'))
            os.write(file,bytes('\n','UTF-8'))
            os.write(file,bytes('zhixindu:','UTF-8'))
            os.write(file,bytes(str(zhixindu),'UTF-8'))
            os.write(file,bytes('\n','UTF-8'))
            OHV=one_hot(TClass,NumClasses)
            LBS=np.repeat(np.expand_dims(OHV,axis=0),
repeats=pNumber,axis=0)
            if TClass==SClass:
                LogText="SClass==TClass"
                LogFile=open(os.path.join(OutDir,'log%d.txt'%
p),'w+')
                LogFile.write(LogText+'\n')
                print(LogText)
                continue
            x=np.zeros(shape=(pNumber,299,299,3),dtype=float)
            xOld=np.zeros(shape=(pNumber,299,299,3),
dtype=float)
            xOldOld=np.repeat(np.expand_dims(TImg,axis=0),
pNumber,axis=0)
            v=np.zeros(shape=(pNumber,299,299,3),dtype=
```

```
float)
                pbest=np.zeros(shape=(pNumber,299,299,3),
dtype=float)
                pbestFitness=np.zeros(shape=(pNumber),dtype=
float)
                gbest=np.zeros(shape=(299,299,3),dtype=float)
                gbestFitness=0
                gbestFitnessOld=0
                Top_One_SM=np.zeros(shape=(pNumber),dtype=
float)
                gbestFitnessOldOld=0
                fitness=np.zeros(shape=(pNumber),dtype=float)
                L2D=np.zeros(shape=(pNumber),dtype=float)
                L2DAverageTopTen=0
                SMTopTen=0
                pCrossEntropy=np.zeros(shape=pNumber)
                L2D_gbest=0.0
                Top_One_SM_gbest=0.0
                sign_gbest=0
                for i in range(MaxEpoch):
                    Start=time.time()
                    if i==0:
                        x=TImg+0.01*np.random.randn(pNumber,
299,299,3)
                        x=np.clip(x,0.0,1.0)
                        xOld=np.copy(x)
                        L2D=sess.run(L2Distance,feed_dict=
{SourceImg:SImg,Persons:x})
                        CP,PP=sess.run([GenC,GenP],{GenI:x})
                        CP=np.reshape(CP,(pNumber,1000))
                        SM=sess.run(Softmax,feed_dict=
{Logits:CP})
                        for j in range(pNumber):
                            if SM[j].argsort()[-1]==TClass:
                                Top_One_SM[j]=SM[j][TClass]
                            else:
                                Top_One_SM[j]=0
                        fitness=Sigma*Top_One_SM-L2D
                        print("di",i,"lun")
                        print("l2distance:",L2D)
                        print("Softmax:",Top_One_SM)
```

```
                        os.write(file,bytes('lun:','UTF-8'))
                        os.write(file,bytes(str(i),'UTF-8'))
                        os.write(file,bytes('\n','UTF-8'))
                        os.write(file,bytes('l2distance:',
'UTF-8'))
                        os.write(file,bytes(str(L2D),'UTF-8'))
                        os.write(file,bytes('\n','UTF-8'))
                        os.write(file,bytes('Softmax:','UTF-8'))
                        os.write(file,bytes(str(Top_One_SM),
'UTF-8'))
                        os.write(file,bytes('\n','UTF-8'))
                        pbest=np.copy(x)
                        pbestFitness=np.copy(fitness)
                        gbest=np.copy(pbest[0])
                        gbestFitness=fitness[0]
                        for m in range(pNumber):
                            if pbestFitness[m]>gbestFitness:
                                gbestFitness=pbestFitness[m]
                                gbest=np.copy(pbest[m])
                                L2D_gbest=L2D[m]
                                Top_One_SM_gbest=Top_One_SM[m]
                        gbestFitnessOld=np.copy(gbestFitness)
                        render_frame(sess,gbest,L2D_gbest,Top_
One_SM_gbest,i,SClass,TClass)
                        else:
                        if i<100:
                        Top_One_SM_SUM=0
                        for b in range(pNumber):
                            Top_One_SM_SUM=Top_One_SM_SUM+Top_
One_SM[b]
                        Top_One_SM_MEAN=Top_One_SM_SUM/pNumber
                        if Top_One_SM_MEAN>zhixindu*0.95:
                            # pv=k*((xOld-xOldOld)+Phi1*np.
random.rand()*(pbest-x)+Phi2*np.random.rand()*(gbest-x)+
(SImg-x)/50)/2
                                pv=k*((xOld-xOldOld)+2.8*np.random.
rand()*(pbest-x)+1.3*np.random.rand()*(gbest-x)+(SImg-x)/70+
np.random.randn(pNumber,299,299,3)/200)/2
                            elif Top_One_SM_MEAN>zhixindu*0.9 and
Top_One_SM_MEAN<=zhixindu*0.95:
                                pv=k*((xOld-xOldOld)+Phi2*np.
```

```
random.rand()*(gbest-x)+(SImg-x)/200+np.random.randn
(pNumber,299,299,3)/400)/2
                        else:
                            pv=k*((xOld-xOldOld)+Phi2*np.
random.rand()*(gbest-x)+(SImg-x)/400+np.random.randn
(pNumber,299,299,3)/1000)/2
                    elif i<200:
                        pv=1.2*((xOld-xOldOld)/10+Phi2*np.
random.rand()*(gbest-x)+(SImg-x)/1000+
    np.random.randn(pNumber,299,299,3)/3000)
                    elif i<600:
                        pv=1.2*((xOld-xOldOld)/10+Phi2*np.
random.rand()*(gbest-x)+(SImg-x)/1000+np.random.randn
(pNumber,299,299,3)/3000)
                    elif i<1000:
                        pv=1.2*((xOld-xOldOld)/10+Phi2*np.
random.rand()*(gbest-x)+(SImg-x)/1200+np.random.randn
(pNumber,299,299,3)/4000)
                    elif i<1500:
                        pv=1.2*((xOld-xOldOld)/10+Phi2*np.
random.rand()*(gbest-x)+(SImg-x)/1500+np.random.randn
(pNumber,299,299,3)/5000)
                    else:
                        pv=1.2*((xOld-xOldOld)/10+Phi2*np.
random.rand()*(gbest-x)+(SImg-x)/3000+np.random.randn
(pNumber,299,299,3)/5000)
                    x=x+pv
                    x=np.clip(x,0.0,1.0)
                    xOldOld=np.copy(xOld)
                    xOld=np.copy(x)
                    # print("x:",x)
                    CP,PP=sess.run([GenC,GenP],{GenI:x})
                    CP=np.reshape(CP,(pNumber,1000))
    feed_dict={CrossEntropysUpdate:CE,SourceImg:SImg,Persons:
x})
                    SM=sess.run(Softmax,feed_dict={Logits:CP})
                    for c in range(pNumber):
                        if SM[c].argsort()[-1]==TClass:
                            Top_One_SM[c]=SM[c][TClass]
                        else:
                            Top_One_SM[c]=0
```

```
                    L2D=sess.run(L2Distance,feed_dict=
{SourceImg:SImg,Persons:x})
                    fitness=Sigma*Top_One_SM-L2D
                    for n in range(pNumber):
                        if fitness[n]>pbestFitness[n]:
                            pbestFitness[n]=fitness[n]
                            pbest[n]=np.copy(x[n])
                        if fitness[n]>gbestFitness:
                            sign_gbest=1
                            gbestFitness=fitness[n]
                            gbest=np.copy(x[n])
                            L2D_gbest=L2D[n]
                            Top_One_SM_gbest=Top_One_SM[n]
                    gbestFitnessOldOld=gbestFitnessOld
                    gbestFitnessOld=gbestFitness
                    if sign_gbest==1:
                        render_frame(sess,gbest,L2D_gbest,Top_
One_SM_gbest,i,SClass,TClass)
                    sign_gbest=0
                    print("di",i,"lun")
                    print("l2distance:",L2D)
                    print("Softmax:",Top_One_SM)
                    os.write(file,bytes('lun:','UTF-8'))
                    os.write(file,bytes(str(i),'UTF-8'))
                    os.write(file,bytes('\n','UTF-8'))
                    os.write(file,bytes('l2distance:','UTF-8'))
                    os.write(file,bytes(str(L2D),'UTF-8'))
                    os.write(file,bytes('\n','UTF-8'))
                    os.write(file,bytes('Softmax:','UTF-8'))
                    os.write(file,bytes(str(Top_One_SM),'UTF-8'))
                    os.write(file,bytes('\n','UTF-8'))
                End=time.time()
                UsingTime=End-Start
            os.close(file)
    def load_image(path):
        image=PIL.Image.open(path)
        if image.height>image.width:
            height_off=int((image.height-image.width)/2)
            image=image.crop((0,height_off,image.width,height_
off+image.width))
        elif image.width>image.height:
```

```
        width_off=int((image.width-image.height)/2)
        image=image.crop((width_off,0,width_off+image.height,
    image.height))
    image=image.resize((299,299))
    img=np.asarray(image).astype(np.float32)/255.0
    if img.ndim==2:

img=np.repeat(img[:,:,np.newaxis],repeats=3,axis=2)
    if img.shape[2]==4:
        # alpha channel
        img=img[:,:,:3]
    return img
if __name__=='__main__':
    main()
```

示例 3：利用 CMA 进化算法生成对抗样本

这段示例代码是设计一种新的不基于替代模型、不基于梯度的黑盒对抗样本生成方法，该方法的主体为自适应协方差矩阵进化算法。

```
# this is the demo of our adversarial-examples generator based
on CMA-ES.
import PIL
from PIL import Image
from inception_v3_imagenet import model,SIZE
import matplotlib.pyplot as plt
from utils import*
from scipy.stats import norm
from imagenet_labels import label_to_name
import numpy as np
import tensorflow as tf
import os
import sys
import shutil
import time
import scipy
os.environ["CUDA_VISIBLE_DEVICES"]="0"
InputDir="cma_adv_samples/"
OutDir="cma_adv_example/"
SourceIndex=0
TargetIndex=1
INumber=50
BatchSize=50
```

```python
NumClasses=1000
MaxEpoch=10000
Reserve=0.25
BestNmber=int(INumber*Reserve)
IndividualShape=(INumber,299,299,3)
Directions=299*299*3
ImageShape=(299,299,3)
Sigma=1
TopK=5
Domin=0.5
StartStdDeviation=0.1
CloseEVectorWeight=0.3
CloseDVectorWeight=0.1
# Convergence=0.1
StartNumber=2
Closed=0
UnVaildExist=0
def main():
global OutDir
    global MaxEpoch
    global BatchSize
    global UnVaildExist
    QueryTimes=0
    if os.path.exists(OutDir):
        shutil.rmtree(OutDir)
    os.makedirs(OutDir)
    with tf.Session() as sess:
        # get image label
        GetImage=tf.placeholder(shape=(1,299,299,3),dtype=
tf.float32)
        GetC,GetP=model(sess,GetImage)
        TestImge=tf.placeholder(shape=ImageShape,dtype=
tf.float32)
        TestImgeEX=tf.reshape(TestImge,shape=(1,299,299,3))
        TestC,TestP=model(sess,TestImgeEX)
        GenI=tf.placeholder(shape=(BatchSize,299,299,3),
dtype=tf.float32)
        GenC,GenP=model(sess,GenI)
        SourceImg=tf.placeholder(dtype=tf.float32,shape=
(299,299,3))
        SourceClass=tf.placeholder(dtype=tf.int32)
```

```
        TargetImg=tf.placeholder(dtype=tf.float32,shape=
(299,299,3))
        TargetClass=tf.placeholder(dtype=tf.int32)
        StImg=tf.placeholder(dtype=tf.float32,shape=
(299,299,3))
        InputImg=StImg  # (299,299,3)
        TempImg=tf.reshape(InputImg,shape=(1,299,299,3))
        Labels=tf.placeholder(dtype=tf.int32,shape=
(INumber,1000))
        Individual=tf.placeholder(shape=IndividualShape,
dtype=tf.float32)
        NewImage=Individual+TempImg
        logit=tf.placeholder(shape=(INumber,1000),dtype=
tf.float32)
        L2Distance=tf.sqrt(tf.reduce_sum(tf.square(NewImage-
SourceImg),axis=(1,2,3)))
        IndividualFitness=-(Sigma*
    tf.nn.softmax_cross_ entropy_with_logits(logits=logit,
    labels=Labels)+L2Distance)
        TopKFit,TopKFitIndx=tf.nn.top_k
(IndividualFitness,BestNmber)
        TopKIndividual=tf.gather(Individual,TopKFitIndx)
        # 更新期望与方差
        Expectation=tf.constant(np.zeros(ImageShape),
dtype=tf.float32)
        for i in range(BestNmber):
            Expectation+=(0.5**(i+1)*TopKIndividual[i])
        Deviation=tf.constant(np.zeros(ImageShape),
dtype=tf.float32)
        for i in range(BestNmber):
            Deviation+=0.5**(i+1)*tf.square(TopKIndividual
[i]-Expectation)
        # Deviation/=BestNmber
        StdDeviation=tf.sqrt(Deviation)
        # 获取种群最佳
        PbestFitness=tf.reduce_max(IndividualFitness)
        Pbestinds=tf.where(tf.equal(PbestFitness,
IndividualFitness))
        Pbestinds=Pbestinds[:,0]
        Pbest=tf.gather(Individual,Pbestinds)
```

```python
        def render_frame(sess,image,save_index,SourceClass,
TargetClass,StartImg):
            image=np.reshape(image,(299,299,3))+StartImg
            scipy.misc.imsave(os.path.join(OutDir,'%s.
jpg'%save_index),image)
            fig,(ax1,ax2)=plt.subplots(1,2,figsize=(10,8))
            # image
            ax1.imshow(image)
            fig.sca(ax1)
            plt.xticks([])
            plt.yticks([])
            # classifications

probs=softmax(sess.run(TestC,{TestImge:image})[0])
            topk=probs.argsort()[-5:][::-1]
            topprobs=probs[topk]
            barlist=ax2.bar(range(5),topprobs)
            for i,v in enumerate(topk):
                if v==SourceClass:
                    barlist[i].set_color('g')
                if v==TargetClass:
                    barlist[i].set_color('r')
            plt.sca(ax2)
            plt.ylim([0,1.1])
            plt.xticks(range(5),[label_to_name(i)[:15] for i
in topk],rotation='vertical')
            fig.subplots_adjust(bottom=0.2)
            path=os.path.join(OutDir,'frame%06d.png'%save_
index)
            if os.path.exists(path):
                os.remove(path)
            plt.savefig(path)
            plt.close()
        def get_image(sess,indextemp=-1):
            global InputDir
            image_paths=sorted([os.path.join(InputDir,i) for
i in os.listdir(InputDir)])
            if indextemp!=-1:
                index=indextemp
            else:
                index=np.random.randint(len(image_paths))
```

```
            path=image_paths[index]
            x=load_image(path)
            tempx=np.reshape(x,(1,299,299,3))
            y=sess.run(GetP,{GetImage:tempx})
            y=y[0]
            return x,y
        for p in range(0,100):
            # if p==0:
            #     p=5
            SSD=StartStdDeviation
            CEV=CloseEVectorWeight
            CDV=CloseDVectorWeight
            DM=Domin
            index1=p//10
            index2=p%10
            SImg,SClass=get_image(sess,index1)
            TImg,TClass=get_image(sess,index2)
            OHV=one_hot(TClass,NumClasses)
            LBS=np.repeat(np.expand_dims(OHV,axis=0),
repeats=INumber,axis=0)
            if TClass==SClass:
                LogText="SClass==TClass"
                LogFile=open(os.path.join(OutDir,'log%d.
txt'%p),'w+')
                LogFile.write(LogText+'\n')
                print(LogText)
                continue
            def StartPoint(sess,SImg,TImg,TargetClass,Domin):
                StartUpper=np.clip(TImg+Domin,0.0,1.0)
                StartDowner=np.clip(TImg-Domin,0.0,1.0)
                SImg=np.clip(SImg,StartDowner,StartUpper)
                return SImg
            StartImg=StartPoint(sess,SImg,TImg,TargetClass,DM)
            Upper=1.0-StartImg
            Downer=0.0-StartImg
            PBF=-1000000.0
            LastPBF=PBF
            BestAdv=np.zeros([299,299,3],dtype=float)
            BestAdvL2=100000
            BestAdvF=-1000000
            initI=np.zeros(IndividualShape,dtype=float)
```

```
initCp=np.zeros((INumber,1000),dtype=float)
ENP=np.zeros(ImageShape,dtype=float)
DNP=np.zeros(ImageShape,dtype=float)+SSD
LastENP=ENP
LastDNP=DNP
LogFile=open(os.path.join(OutDir,'log%d.txt'%p),
'w+')

PBL2Distance=100000
LastPBL2=100000
StartError=0
FindValidExample=0
ConstantShaked=0
Shaked=0
ConstantUnVaildExist=0
QueryTimes=0
UnVaildExist=0
Retry=0
Closed=0
Scaling=0
CloseThreshold=-0.5
Convergence=0.1
for i in range(MaxEpoch):
    Start=time.time()
    count=0
    Times=0
    cycletimes=0
    while count!=INumber:
        DNPT=np.reshape(DNP,(1,299,299,3))
        ENPT=np.reshape(ENP,(1,299,299,3))
        temp=np.random.randn(BatchSize,299,299,3)
        temp=temp*DNPT+ENPT
        temp=np.clip(temp,Downer,Upper)
        testimage=temp+np.reshape(StartImg,
(1,299,299,3))

        CP,PP=sess.run([GenC,GenP],{GenI:
testimage})

        CP=np.reshape(CP,(BatchSize,1000))
        # 筛选
        QueryTimes+=BatchSize
        for j in range(BatchSize):
            if TClass in
```

```
                            CP[j].argsort()[-TopK:][::-1]:
                                initI[count]=temp[j]
                                initCp[count]=CP[j]
                                count+=1
                                if count==INumber:
                                    break
                        if count!=INumber:
                            LogText="count:%3d SSD:%.2f
DM:%.3f"%(count,SSD,DM)
                            LogFile.write(LogText+'\n')
                            print(LogText)
                        if count>StartNumber-1 and count<INumber:
                            tempI=initI[0:count]
                            ENP=np.zeros(ImageShape,dtype=float)
                            DNP=np.zeros(ImageShape,dtype=float)
                            for j in range(count):
                                ENP+=tempI[j]
                            ENP/=count
                            for j in range(count):
                                DNP+=np.square(tempI[j]-ENP)
                            DNP/=count
                            DNP=np.sqrt(DNP)
                        if i==0 and count<StartNumber:
                            Times+=1
                            TimesUper=1
                            if count>0:
                                TimesUper=5
                            else:
                                TimesUper=1
                            if Times==TimesUper:
                                SSD+=0.01
                                if SSD-StartStdDeviation>=0.05:
                                    SSD=StartStdDeviation
                                    DM-=0.05
                                    StartImg=StartPoint(sess,SImg,
TImg,TargetClass,DM)
                                    Upper=1.0-StartImg
                                    Downer=0.0-StartImg
                                DNP=np.zeros(ImageShape,dtype=
float)+SSD
                                Times=0
```

```
                    # 如果出现了样本无效化,回滚 DNP,ENP
                    if i!=0 and count<StartNumber:
                        CEV-=0.01
                        CDV=CEV/3
                        if CEV<=0.01:
                            CEV=0.01
                            CDV=CEV/3
                        DNP=LastDNP+(SImg-(StartImg+ENP))*
CDV
                        ENP=LastENP+(SImg-(StartImg+ENP))*
CEV
                        LogText="UnValidExist CEV:%.3f CDV:
%.3f"%(CEV,CDV)
                        LogFile.write(LogText+'\n')
                        print(LogText)
                    # 判断是否出现样本无效化
                    if cycletimes==0:
                        if i!=0 and count<StartNumber:
                            UnVaildExist=1
                        elif i!=0 and count>=StartNumber:
                            UnVaildExist=0
                    cycletimes+=1
                    if SSD>1:
                        LogText="Start Error"
                        LogFile.write(LogText+'\n')
                        print(LogText)
                        StartError=1
                        break
                if StartError==1 or FindValidExample==1:
                    break
                initI=np.clip(initI,Downer,Upper)
                LastPBF,LastDNP,LastENP=PBF,DNP,ENP
                ENP,DNP,PBF,PB=sess.run([Expectation,
StdDeviation,PbestFitness,Pbest],feed_dict={Individual:initI,
logit:initCp,SourceImg:SImg,SourceClass:SClass,TargetImg:TImg,
TargetClass:TClass,Labels:LBS,
                        StImg:StartImg})
                if PB.shape[0]>1:
                    PB=PB[0]
                    PB=np.reshape(PB,(1,299,299,3))
                    print("PBConvergence")
```

```
End=time.time()
LastPBL2=PBL2Distance
PBL2Distance=np.sqrt(np.sum(np.square
(StartImg+PB-SImg),axis=(1,2,3)))
LogText="Step %05d:PBF:%.4f UseingTime:%.4f
PBL2Distance:%.4f QueryTimes:%d P:%d"%(i,PBF,End-Start,PBL2Dist-
ance, QueryTimes,p)
LogFile.write(LogText+'\n')
print(LogText)
if UnVaildExist==1:  # 出现无效数据
    Retry=1
    Closed=0
    Scaling=0
# elif i>10 and LastPBF>PBF
elif abs(PBF-LastPBF)<Convergence:
    if (PBF+PBL2Distance>CloseThreshold):  # 靠近
        Closed=1
        Retry=0
        Scaling=0
        CEV+=0.01
        CDV=CEV/3
        DNP+=(SImg-(StartImg+ENP))*CDV
        ENP+=(SImg-(StartImg+ENP))*CEV
        LogText="Close up CEV:%.3f
CDV:%.3f"%(CEV,CDV)

        LogFile.write(LogText+'\n')
        print(LogText)
    # elif Scaling==0 and Closed==0 and
Retry== 0:  # 放缩
    else:
        Scaling=1
        Closed=0
        Retry=0
        # CEV+=0.01
        # CDV=CEV/3
        DNP+=(SImg-(StartImg+ENP))*CDV
        LogText="Scaling up CEV:%.3f CDV:
%.3f"%(CEV,CDV)

        LogFile.write(LogText+'\n')
        print(LogText)
```

```
                    else:
                        Scaling=0
                        Closed=0
                        Retry=0
                    if UnVaildExist==1:
                        ConstantUnVaildExist+=1
                    else:
                        ConstantUnVaildExist=0
                    if PBF+PBL2Distance>CloseThreshold:
                        BestAdv=PB
                        BestAdvL2=PBL2Distance
                        BestAdvF=PBF
                    if BestAdvL2<26 and BestAdvL2+BestAdvF>
CloseThreshold:
                        LogText="Complete BestAdvL2:%.4f
BestAdvF:%.4f QueryTimes:%d"%(BestAdvL2,BestAdvF,QueryTimes)
                        print(LogText)
                        LogFile.write(LogText+'\n')
                        render_frame(sess,BestAdv,p,SClass,
TClass,StartImg)
                        break
                    if i==MaxEpoch-1 or ConstantUnVaildExist==30:
                        LogText="Complete to MaxEpoch or Constant
UnVaildExist BestAdvL2:%.4f BestAdvF:%.4f QueryTimes:%d"%
(BestAdvL2,BestAdvF,QueryTimes)
                        print(LogText)
                        LogFile.write(LogText+'\n')
                        render_frame(sess,BestAdv,p,SClass,
TClass,StartImg)
                        break
    def load_image(path):
        image=PIL.Image.open(path)
        if image.height>image.width:
            height_off=int((image.height-image.width)/2)
            image=image.crop((0,height_off,image.width,
height_off+image.width))
        elif image.width>image.height:
            width_off=int((image.width-image.height)/2)
            image=image.crop((width_off,0,width_off+image.
height,image.height))
        image=image.resize((299,299))
```

```
        img=np.asarray(image).astype(np.float32)/255.0
        if img.ndim==2:
img=np.repeat(img[:,:,np.newaxis],repeats=3,axis=2)
        if img.shape[2]==4:
            # alpha channel
            img=img[:,:,:3]
        return img
    if __name__=='__main__':
        main()
```

以上三个示例，分别利用不同的方法生成靶向（或非靶向）的攻击对抗样本。这里列出的是主要代码，不代表可以立刻执行。有兴趣的读者可以将此代码作为引子，编写自己的对抗样本生成代码。

3.5　智能防御

攻击与防御是对立且统一的。随着攻击的发展，防御方法也随之发展。目前主要防御方法有对抗训练[45]、防御蒸馏[46]、动态防御、MagNet。

1. 对抗训练

对抗训练，是指防御者通过自身构造来对抗攻击，并且将人为增加扰动的对抗样本也加入训练数据，从而增强训练集，让训练后得到的模型更加稳定。

2. 防御蒸馏

防御蒸馏通过两个步骤来完成对模型稳定性的提升：

第 1 步，训练分类模型，其最后一层的 SoftMax 层除以一个常数 T。

第 2 步，用同样的输入来训练第 2 个模型，但是训练数据的标签不用原始标签，而是将在第 1 步训练的模型中最后一层的概率向量作为最后 SoftMax 层的目标。

两步训练的好处主要有两方面：

（1）使第 2 个模型的神经网络更加鲁棒。

（2）通过调高 T，可以使 logits 层的数据变得特别大，并且在使用第 2

个神经网络进行分类任务时将 T 置 1，使 logits 层的数据相对过大，使攻击方不能很准确地估算梯度，产生梯度消失的现象，从而实现防御。

3. 动态防御

输出结果带有一定的随机性。对此，可以直接在输出结果上加高斯扰动，使梯度变得难以计算；也可以在分类器判别分类时使用多个模型，随机选取一个模型结果来作为输出。

4. MagNet

通常，对抗样本存在两种情况：对抗样本远离该任务流形的边界；对抗样本在流形边界的附近。MagNet 采用 Detector 解决前一种情况的问题，即检测测试样本与正常样本的差异有多大。Detector 学习得到函数 f，所有样本均为输入，输出为 1 或 0，用于度量样本和流形的距离。如果距离大于门限，则检测器拒绝对样本分类。

对于后一种情况的问题，Magnet 采用 Reformer 对对抗样本进行转换，使用自动编码器训练用于转换输入/输出的神经网络。自动编码器利用更简单的隐藏表示引入正则化来发现数据的有用属性。对于接近流形边界的对抗样本 x，自动编码器能够输出一个在流形上样本 y，且 y 接近于 x。这样，自动编码器将对抗样本 x 改造成一个类似的正常样本。

第4章　三种图像分类对抗方法详解

自 Szegedy 等人[47]第一次提出面向图像识别系统中存在对抗样本的现象以来，对抗样本的生成原因以及防御方法等引发了众多学者的研究，目前已有很多针对图像分类模型的对抗样本生成方法。例如，在第 3 章中提到的 L−BFGS（Large BFGS，BFGS 为主要研究人员名字的首字母组合）攻击、快速梯度下降法（Fast Gradient Sign Method，FGSM）、基于雅可比的显著性特征图攻击（Jacobian−based Saliency Map Attack，JSMA）、DeepFool[48]攻击算法、C&W 攻击算法、单像素攻击（One Pixel Attack，OPA）。除此之外，Chen 等人[49]提出了零阶优化（Zero Order Optimization，ZOO）的攻击方法，该方法通过对称差分算法直接估计梯度，适用于黑盒环境下的攻击。Moosavi-Dezfooli 等人[50]提出了通用扰动（Universal Perturbations，UP）的攻击方法，该方法产生的扰动可以对多个攻击目标产生效果。Rozsa 等人[51]提出了热/冷攻击方法，该方法可以对单一的输入图像产生多个对抗样本。

上述对抗方法针对不同目标模型（黑盒、白盒），面向不同的应用环境（追求高速度、追求低扰动幅度等），各具特色。本章将选择三种典型的对抗样本生成方法进行介绍。

4.1　基于梯度计算的对抗方法

基于梯度的对抗样本生成技术是一种主流的对抗方法，属于白盒攻击，依赖于模型内部的详细信息。通常，这类方法通过在梯度方向逐渐增加原始输入的损耗直至原始输入被错误分类来寻找对抗样本。在 2018 年的 NIPS（Conference and Workshop on Neural Information Processing Systems，神经信息处理系统进展大会）对抗视觉攻防挑战赛中，Jérôme 的队伍通过使用基于梯度的对抗样本生成技术赢得了非目标攻击的第一名。

NIPS 对抗视觉攻防挑战赛旨在促进稳健的机器视觉模型和更普遍适用的对抗攻击算法的发展。现代机器视觉算法很容易受到对抗样本的攻击，这一特性揭示了人类和机器在信息处理方面的显著差异，并且引发了许多已经部署在生活中的机器视觉系统（如自动化汽车）的安全问题。因此，改善视觉算法的鲁棒性对于缩小人类和机器在信息处理方面的距离是相当关键的。

在一个足够强大的网络中，任何对抗攻击都无法对其结果产生干扰。对此，促进神经网络之间的公开竞争、使用各种各样的强攻击（包括使用在之前未曾提出过的攻击方法），可以提高神经网络的鲁棒性。以此思路为指导，NIPS 对抗视觉挑战赛一般分为两部分，一部分用于建立防御模型，另一部分用于对这些模型进行攻击；攻击方式分为目标攻击和非目标攻击。参赛队伍提交的模型和攻击在给定的图像分类任务中不断地相互竞争，经过一定时间的竞争后，给出三种排名：非目标攻击、目标攻击、防御模型。

4.1.1　数据集和相关工具

1. MNIST 手写数字数据集

该数据集分为 60 000 个样本的训练集和 10 000 个样本的测试集，它是数据集 NIST 的子集。数据集中的数据都是 28 像素×28 像素的手写数字图像，对应的分类标签为 0～9。

2. CIFAR-10

该数据集中的图像共分为 10 个类别，每个类别中有 6 000 幅彩色图像，图像的大小为 32 像素×32 像素。数据集分为 5 个训练集和 1 个测试集，每个数据集中有 10 000 幅图像。其中，测试集包含来自每个类别各有 1 000 幅的不同图像；训练集以随机的方式包含剩余图像。这 10 个类分别对应 airplane、car、bird、cat、deer、dog、frog、horse、boat、truck。

3. ImageNet

该数据集是目前深度学习领域中应用得最多的数据集，除了本节所要介绍的图像分类任务外，它还可以用于目标检测和定位任务。该数据集包含了两万多个分类，有超过 1 400 万幅图像，在一般实验中无法完全使用。本节算法使用的是用于 ILSVRC 2012 比赛中 ImageNet 数据集的子集。ILSVRC 2012 测试集包括训练集、测试集、验证集。其中，训练集有超过 128 万幅图像，验证集有 5 万幅图像，测试集有 10 万幅图像。本节算法使用其中的验证集。

4. Foolbox

Foolbox 是一个可以用于制造用于欺骗神经网络的对抗样本的 Python 工具箱，它支持许多框架来构建模型，包括本节实验所要用到的 PyTorch 框架。

4.1.2　实验目的

近年来，关于对抗样本所进行的研究，其目标之一就是能更好地评估防御模型的鲁棒性。不同的攻击算法可以具有不同的攻击目标，比如最小化能导致错误分类的扰动，或者使攻击速度足够快，以更好地应用于模型的训练过程来生成鲁棒性更强的模型。其中，由 Carlini 和 Wagner[36] 提出的基于 L_2 范数限制的 C&W 攻击算法具有强大的攻击效果，它也能够得到足够小的 L_2 范数，但这需要大量的迭代计算，导致该算法不适合应用在训练模型上。相对而言，单步攻击算法（如 DeepFool 攻击）的速度足够快，但将其应用在模型训练上并不会有效提升模型的鲁棒性，尤其是在白盒环境下。因此，一种既能够产生有效攻击（生成对抗样本）并且保持低 L_2 范数，又能够减少迭代次数（即缩短攻击时间）、提升攻击效率的算法，对于训练一个鲁棒性更强的模型是必需的。

在设计攻击算法时，设定目标为最小化生成的对抗样本的范数。为此，需要优化两个目标：其一，获得一个较低的 L_2 范数；其二，使图像被错误分类。在现阶段的强力攻击算法中，C&W 攻击算法通过使用二因子损失函数来实现这两个目标，并通过权重来平衡多次迭代产生的竞争目标。在多次迭代的情况下，被训练的防御模型具有强大的鲁棒性，但代价高昂。

为此，笔者所在的课题组在方向和范数去耦合法（Decoupling Direction and Norm，DDN）[52]的基础上提出了一种更有效的基于梯度的攻击算法。

4.1.3　方案概述

本节通过三部分实验来评估 DDN 攻击算法。

（1）在非目标攻击环境下，将 DDN 攻击算法与 C&W 攻击算法、DeepFool 攻击算法在不同迭代预算下的攻击效果进行比较。

（2）在目标攻击环境下，将 DDN 攻击算法与 C&W 在不同迭代预算下的攻击效果进行比较。

（3）将改进 DDN 攻击算法参数后（DDN′）的攻击效果与原 DDN 攻击算法和 C&W 攻击算法在相同迭代预算下的攻击效果进行比较。

DDN 攻击算法优化一个交叉熵损失函数，与 C&W 攻击算法不同的是，它在迭代查询过程中不使用惩罚因子来约束 L_2 范数，而将每一次迭代生成的扰动投影到一个以原始图像为球心的 L_2 球体上。然后，范数的变化取决于样本是否具有对抗性。使用这种方法来分离敌方噪声的方向和范数，会导致只需要极少迭代的攻击，就可以达到与最新技术相当的性能水平，同时易用于对抗训练。

1. 目标公式

将原始图像 x 作为输入空间 X 的一个原始样本，具有真实分类标签 y_{true}（来自标签集 Y），$D(x_1, x_2)$ 表示输入图像 x_1 和 x_2 之间的距离，$P(y|x, \theta)$ 表示以 θ 为参数的分类器（模型），$\tilde{x}$ 表示对抗样本，使达到 $\arg\max_j P(y_j|\tilde{x}, \theta) \neq y_{true}$（非目标攻击）且 $D(x, \tilde{x}) \leqslant \varepsilon$，其中 ε 是预设的最大扰动限制，y_j 为输出的最高置信度的分类，其分类标签为 j。在目标攻击情况下，需要满足 $\arg\max_j P(y_j|\tilde{x}, \theta) = y_{target}$，$y_{target}$ 为目标分类标签。对于输入模型的原始图像 x 和给定标签 y，设置一个交叉熵损失函数 $J(x, y, \theta)$，用于衡量以 θ 为参数的分类器对于输入图像 x 给出的分类标签与给定标签 y 之间的

损失。图 4−1−1 所示为在 Inception v3 模型[47]上对 ImageNet 数据集实施目标攻击的结果：原始图像 x 的分类为 curly hound，在添加一个扰动 δ 后，被分类器分类为 microwave oven。

(a)　　　　　　　　　　(b)　　　　　　　　　　(c)

图 4−1−1　ImageNet 数据集上对抗样本示例

（a）原始图像，分类为 curly hound；（b）添加的扰动；（c）对抗样本，分类为 microwave oven

通常，认为攻击是由基于梯度的优化过程产生的，这限制了我们对可微分类器的分析。这些攻击可以被公式化为获得最小的扰动 $D(x, \tilde{x})$ 或者在 $D(x, \tilde{x}) \leqslant \varepsilon$ 限制下得到最大损失。

假设用于衡量原始图像和对抗样本之间的距离函数为一个范数（ L_0、L_2 或 L_∞），输入为图像，图像的各像素被限制在 $0 \sim M$。在一个白盒环境下，使用非目标攻击并且预期得到最小扰动的公式描述为

$$\min_\delta \| \delta \|$$
$$\text{s.t.} \quad \arg\max_j P(y_j | x + \delta, \theta) \neq y_{\text{true}}, \quad 0 \leqslant x + \delta \leqslant M \qquad (4-1-1)$$

式中，δ——在原始图像上添加的扰动；

M——设定的最大扰动。

目标攻击的公式化与之相似,使分类器的输出结果与目标类相同即可。

如果算法目的在于得到在一定范数限制下的最大损失，则解决该问题的公式可以描述为

$$\min_\delta P(y_{\text{true}} | x + \delta, \theta)$$
$$\text{s.t.} \quad \| \delta \| \leqslant \varepsilon, \quad 0 \leqslant x + \delta \leqslant M \qquad (4-1-2)$$

目标攻击的公式化与之相类似，最大化 $P(y_{\mathrm{target}}|x+\delta,\theta)$ 即可。

将主要目标聚焦在基于梯度的方法来优化扰动的范数，虽然这种距离不能完全捕获感知的相似性，但在计算机视觉中广泛应用于测量图像之间的相似性。例如，在比较图像压缩算法中使用峰值信噪比，这与二级测量直接相关）。捕获感知相似性的可分辨距离测量仍然是一个开放的研究课题。

2．威胁模型

在设计算法时，仅考虑白盒情况下的攻击。在这种情况下，可认为攻击者对系统内部结构掌握了充分的知识，包括其中的神经网络结构和参数权重。该威胁模型用于评估最坏情况下的系统安全性。其他场景可以设想为根据攻击者的知识在不同的假设下评估攻击，如无法访问训练模型、无法访问同训练集等。这些场景被称为黑盒或有限的知识。

3．详细设计

从问题的定义来看，在一个固定的区域找到最坏的对抗样本是一项更容易的任务。在式（4-1-2）中，这两个约束都可以用 δ 表示，并且可以使用投影梯度下降来优化。找到与原始图像最接近的对抗样本较困难——式（4-1-1）对模型的预测有限制，这不能通过简单的投影来解决。Szegedy等人使用了一种常用方法（这个方法同样使用在 C&W 攻击算法中），即将式（4-1-1）中的约束问题近似为无约束问题，将约束替换为惩罚因子。这相当于用一个足够高的参数 C 联合优化了两个术语——δ 范数和一个分类术语。在约束优化的一般情况下，这种基于惩罚的方法是一个众所周知的原则[53]。在解决无约束问题的同时，惩罚方法在实践中也存在着众所周知的困难，主要困难是必须以一种特殊的方式选择参数 C。例如，如果 C 太小，则产生的样本不会具有对抗性；如果 C 太大，则该参数将占主导地位，并导致算法所产生的对抗样本的扰动更大。这在使用少量步骤进行优化时尤其有问题（例如，在对抗性训练中使用）。图 4-1-2 所示为通过对 MNIST 数据集运行 C&W 攻击算法获得的 C 值的柱状图。由该图可以发现，C 的最佳值在 $2^{-11}\sim2^{5}$ 范围内变化很大；同样可以观测到，对于最佳的常

数 C，其对应的扰动无论是否经历过对抗训练的模型都产生了变化（对抗训练模型通常要求一个高数值的 C）。此外，通过添加惩罚因子的方式来限制范数将导致收敛速度慢。

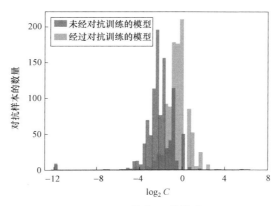

图 4-1-2　最佳 C 值柱状图

针对这种优化算法难以找到合适的常数的问题，本实验提出了一种在优化过程中对 L_2 范数不加惩罚的算法。作为替代，先将每一次迭代生成的扰动投影到一个以原始图像为球心的 L_2 球体上，再通过二元决策来修改这个范数，决策基于生成的样本是否具有对抗性。假设样本 x_k 在迭代次数为 k 时不具有对抗性，那么在 $k+1$ 步的范数将增长；否则，将降低。另外，优化交叉熵可能带来另外两个困难：其一，函数不受约束，这使它在优化问题中占主导地位；其二，在攻击训练模型时，原始图像的正确类的预测概率通常非常接近 1，这导致交叉熵在搜索对抗样本时的起点非常低，并最终可能增加几个数量级。这些困难会影响梯度的范数，导致很难找到合适的学习速率。C&W 攻击算法通过优化 logits 层之间的差距而不是依靠交叉熵来解决这些问题。在这项工作中，无边界问题不影响攻击过程，因为更新范数的决策是在模型的预测上完成的（而不是在交叉熵上）。为了解决梯度范数变化大的问题，首先将梯度归一化为单位范数，然后向其方向迈出一步。

DDN 攻击算法的步骤见算法 4-1-1。

算法 4-1-1   白盒分类模型下的 DDN 攻击算法

输入：原始图像 x；真实标签（非目标攻击）或目标标签（目标攻击）y；迭代次数 K；步长 α；在每一次迭代中修改范数的参数 γ

输出：对抗样本 $\tilde{x}$

1：初始图像 x_0 为原始图像 x，初始扰动 δ_0 为 0，初始范数 ε_0 为 1

2：选择目标攻击，则 $m = -1$；选择非目标攻击，$m = 1$

3：for $k = 1$ to K do

4：根据 $g = m\nabla_{\tilde{x}_{k-1}} J(\tilde{x}_{k-1}, y, \theta)$ 计算出梯度 g 的方向

5：根据 $g = \alpha * g / g_2$ 计算梯度 g 的步长

6：根据计算 $\delta_k = \delta_{k-1} + g$ 更新扰动的大小和方向

7：if $\tilde{x}_{k-1}$ is adversarial then

8：根据 $\varepsilon_k = (1 - \gamma)\varepsilon_{k-1}$ 降低扰动范数

9：else

10：根据 $\varepsilon_k = (1 + \gamma)\varepsilon_{k-1}$ 增加扰动范数

11：end if

12：根据 $\tilde{x}_k = x + \varepsilon_k * \delta_k / \delta_{k2}$，将扰动 δ_k 投影到以 x 为中心的 ε_k 球体上

13：标准化生成的对抗样本 $\tilde{x}_k$，将每个像素的值映射到[0,1]

14：end for

15：返回的对抗样本 $\tilde{x}_k$ 具有最小的 L_2 范数

非目标攻击的图像说明如图 4-1-3 所示，图中的阴影部分区域表示被分类为 y_{true} 的输入样本空间。在图 4-1-3（a）中，$\tilde{x}_k$ 不具有对抗性，因此根据算法来提高下一轮迭代的范数 ε_{k+1}；相对而言，在图 4-1-3（b）中

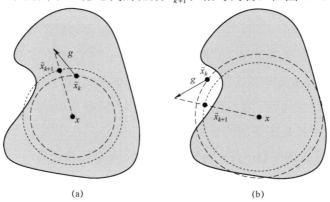

(a)   (b)

图 4-1-3   非目标攻击的图像说明（书后附彩插）

（a）$\tilde{x}_k$ 没有对抗性；（b）$\tilde{x}_k$ 有对抗性

降低了范数。在这两种情况下，每一次变化都从当前起点 $\tilde{x}_k$ 处沿着梯度 g 方向前进 g，然后投影到一个以 x 为中心的 ε_{k+1} 球体上。

DDN 攻击的完整过程可通过图 4-1-3 来说明。从原始图像 x 出发，迭代地修改噪声 δ_k。在第 k 次循环时，若当前生成的样本 $\tilde{x}_k = x + \delta_k$ 仍然不具有对抗性，则根据算法来修改下一步范数 $\varepsilon_{k+1} = (1+\gamma)\,\varepsilon_k$。否则，通过 $\varepsilon_{k+1} = (1-\gamma)\,\varepsilon_k$ 来降低范数。在这两种情况下，每一次的变化都从当前起点 $\tilde{x}_k$ 处（图 4-1-3 的红色箭头）沿着梯度 g 方向前进（算法 4-1-1 的步骤 5），然后投影（图 4-1-3 的蓝色虚线）到一个以 x 为中心的 ε_{k+1} 球体上，获得 $\tilde{x}_{k+1}$。最后，将 $\tilde{x}_{k+1}$ 投影到输入空间 X 的可行区域上。对于要求标准化到[0,1]的图像，只需将每个像素的值映射到该范围内（算法 4-1-1 的步骤 13）。此外，还可以考虑在每次迭代中对图像进行量化，以确保攻击的是有效的图像。

值得一提的是，当某一次迭代产生的对抗样本 $\tilde{x}_k$ 的球体与决策边界相切时，g 就会和扰动 δ_{k+1} 沿相同的方向。这就意味着扰动 δ_{k+1} 将投影到 δ_k 的方向，由此导致范数沿该方向在决策边界的两边摆动。重复步骤 $\varepsilon_{k+1} = (1+\gamma)\,\varepsilon_k$ 和 $\varepsilon_{k+1} = (1-\gamma)\,\varepsilon_k$，将导致全局递减，即范数乘以一个比 1 小的数 $1-\gamma^2$ 来找到最好的范数值。

本节实验在数据集 MNIST、CIFAR-10 和 ImageNet 上进行验证，并将该 DDN 攻击算法与已经在文献中提出过的最先进的使用 L_2 范数进行约束的算法——DeepFool 攻击算法和 C&W 攻击算法进行比较。本节实验使用与 MNIST 和 CIFAR-10 相同的模型体系结构和相同的超参数进行训练，详见表 4-1-1。本节实验的基本分类器在数据集 MNIST 和 CIFAR-10 的测试集上分别获得 99.44%和 85.51%的精度。对于 ImageNet 数据集，本节实验使用了一个预先训练的 Inception v3[47]，在验证集上实现 22.51%的前一个错误。Inception v3 以 299 像素×299 像素的图像为输入，从 342 像素×342 像素的图像中映射。

表 4-1-1　用于攻击评估的 CNN 结构

层次	层类型	MNIST 模型	CIFAR-10 模型
1	卷积+激活	$3 \times 3 \times 32$	$3 \times 3 \times 64$
2	卷积+激活	$3 \times 3 \times 32$	$3 \times 3 \times 64$
3	最大池化	2×2	2×2
4	卷积+激活	$3 \times 3 \times 64$	$3 \times 3 \times 128$
5	卷积+激活	$3 \times 3 \times 64$	$3 \times 3 \times 128$
6	最大池化	2×2	2×2
7	全连接+激活	200	256
8	全连接+激活	200	256
9	全连接+激活	10	10

对于使用 DeepFool 攻击算法进行的实验，使用了 Foolbox 中的实现部分，其中预算部分为 100 次迭代；对于使用 C&W 攻击算法进行的实验，将攻击移植到 PyTorch 上来评估训练框架中的模型。本节实验所用的超参数为典型的 C&W $9 \times 10\,000$ 场景，即初始常数为 0.01，设定 9 个搜索步骤，设置迭代次数为 10 000 次（提前停止）。为了与 DDN 攻击算法进行比较，需要 C&W 攻击在迭代次数较少的情况下的攻击结果，于是设置了迭代 100 次的实验。在设定 100 次迭代的基础上，分为 4×25 和 1×100 两部分。由于文献[48, 52]中给出的超参数只适用于迭代次数较大的情况，因此使用 $[0.01, 0.05, 0.1, 0.5, 1]$ 内的学习率和 $[0.001, 0.01, 0.1, 1, 10, 100, 1\,000]$ 内的 C 值对每个数据集进行网格搜索。通过实验验证，C&W 攻击算法的超参数选择情况如表 4-1-2 所示。

表 4-1-2　C&W 攻击算法的超参数选择

数据集	迭代次数	参数
MNIST	1×100	$\alpha = 0.1$，$C = 10$
	4×25	$\alpha = 0.1$，$C = 5$

数据集	迭代次数	参数
CIFAR－10	1×100	$\alpha = 0.01$，$C = 10$
	4×25	$\alpha = 0.01$，$C = 5$
ImageNet	1×100	$\alpha = 0.01$，$C = 10$
	4×25	$\alpha = 0.01$，$C = 5$

对于使用 DDN 攻击算法的实验，选择迭代次数分别为 100、300、1 000 次的攻击，在所有攻击场景中都使用 $\varepsilon_0 = 1$ 和 $\gamma = 0.05$，初始步长 $\alpha = 1$，并随着余弦退火调整学习率逐渐降低到 0.01。γ 的选择基于图像的编码技术，对于任何正确分类的图像，最小可能的干扰包括将一个像素更改 1/255（对于以 8 位值编码的图像）对应于 1/255 的范数。由于在此执行量化，所以对值四舍五入，这意味着算法必须能够实现低于 1.5/255＝3/510 的范数。当使用 k 次迭代时，就要求：

$$\varepsilon_0 (1 - \gamma)^k < \frac{3}{510} \Rightarrow \gamma > 1 - \left(\frac{3}{510\varepsilon_0} \right)^{\frac{1}{k}} \qquad （4 - 1 - 3）$$

式中，ε_0——初始扰动范数；

　　γ——调整扰动范数的参数。

由 $\varepsilon_0 = 1$ 和 $k = 100$，得出 $\gamma = 0.05$。因此，如果存在干扰最小的对抗样本，那么算法就可以通过固定的步骤找到它。

对于 DDN 攻击的结果，我们考虑量化图像（到 256 级）。量化步骤包含于每次迭代中（参见算法 4－1－1 的步骤 13）。本节得到的所有结果都考虑了[0,1]范围内的图像。本节实验进行了两组实验：非目标攻击和目标攻击。对测试集 MNIST 和 CIFAR－10 的前 1 000 幅图像生成了攻击，而对于 ImageNet 测试集，是从正确分类的验证集中随机选择了 1 000 幅图像。对于非目标攻击，报告了攻击的成功率（发现攻击的样本百分比）、对抗噪声的平均 L_2 范数（成功攻击的平均 L_2 范数）和所有攻击的中间 L_2 范数。还报告了在有 8 GB 内存的 NVIDIA GTX 1080 上梯度计算的平均数（对于批处理执行）和总运行时间（以秒为单位）。

实验结果分析中不包括 DeepFool 攻击的运行时间，这是因为从 Foolbox 中实现了一个接一个地生成对抗样本，并在 GPU 上执行，因此无具有代表性的运行时间。

对于目标攻击的实验，在数据集 MNIST 和 CIFAR-10 上，将本节实验设计为对所有可能的分类进行攻击（即每幅图像攻击 9 次）；而在 ImageNet 数据集上，由于标签总数有 1 000 个，若全部攻击，将耗费大量的时间和计算代价，于是随机选择 100 个其他分类（总分类的 10%）。因此，在每次目标攻击实验中，在数据集 MNIST 和 CIFAR-10 上运行 9 000 次攻击，在 ImageNet 数据集上运行 100 000 次攻击。报告的结果分为两部分：其一，所有攻击的平均范数；其二，在选择最低可能分类时的平均性能（比如对每一幅图像选择其最不可能的分类）。对于非目标攻击的场景，实验得出的 L_2 范数是所有攻击成功的结果的平均值。

4.1.4　实验验证

1. 实验环境

实验通过连接远程服务器在本地控制运行，具体配置如表 4-1-3 所示：

表 4-1-3　实验环境配置

软/硬件	配置
GPU	NVIDIA GTX 1080 8 GB
操作系统	Ubuntu 16.04 LTS
集成开发环境（IDE）	PyCharm Pro 2019.1
Lib	Lib 模块版本的最低要求

使用 MobaXterm 远程连接服务器，通过用户名、密码登录，如图 4-1-4 所示。

Session settings
SSH
Telnet
Rsh
Xdmcp
RDP
VNC
FTP
SFTP
Serial
File
Shell
Browser
Mosh
Aws S3
Basic SSH settings
Remote host * tongxiaoyao@gpu b
Specify username tongxiaoyao
Port 22
Advanced SSH settings
Terminal settings
Network settings
Bookmark settings
Secure Shell (SSH) session
OK
Cancel

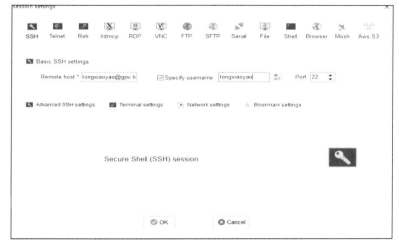

图 4-1-4　登录远程服务器

登录成功后，显示如图 4-1-5 所示的远程服务器命令行界面，即可进行命令行操作。

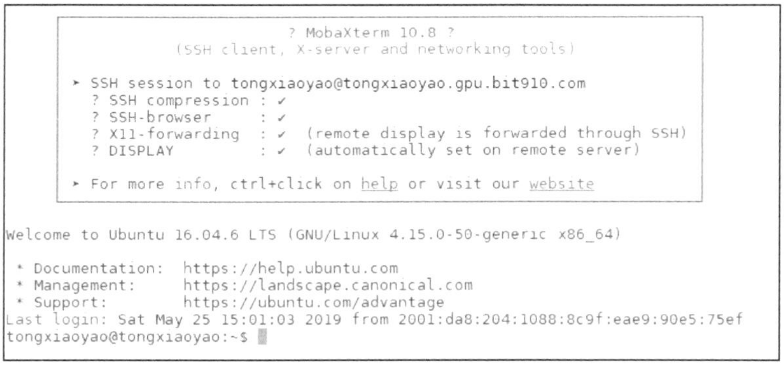

? MobaXterm 10.8 ?
(SSH client, X-server and networking tools)
► SSH session to tongxiaoyao@tongxiaoyao.gpu.bit910.com
? SSH compression : ✓
? SSH-browser : ✓
? X11-forwarding : ✓ (remote display is forwarded through SSH)
? DISPLAY : ✓ (automatically set on remote server)
► For more info, ctrl+click on help or visit our website
Welcome to Ubuntu 16.04.6 LTS (GNU/Linux 4.15.0-50-generic x86_64)
* Documentation: https://help.ubuntu.com
* Management: https://landscape.canonical.com
* Support: https://ubuntu.com/advantage
Last login: Sat May 25 15:01:03 2019 from 2001:da8:204:1088:8c9f:eae9:90e5:75ef
tongxiaoyao@tongxiaoyao:~$

图 4-1-5　远程服务器命令行界面

接下来，可通过命令行来安装包括 Anaconda、CUDA 等在内的包，以配置所需的服务器环境。在开发环境搭建完毕之后，还需要配置本地主机的集成开发环境（IDE）。在此，下载 PyCharm 的 Pro 版本，因为后续步骤需要进行远程连接服务器。

首先，连接远程解释器（Python 3），如图 4-1-6 所示。

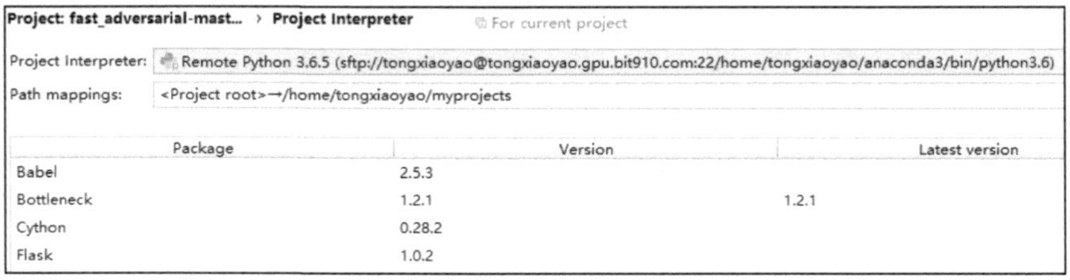

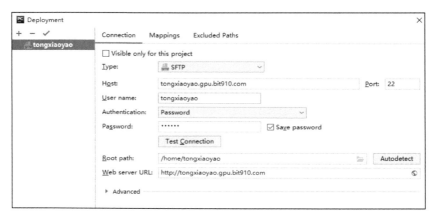

图 4-1-6   连接远程解释器

然后，配置远程文件路径同步，并通过 Mappings 映射到远程服务器的指定文件夹下，便于操作，如图 4-1-7 所示。

图 4-1-7   配置远程文件

至此，实验环境配置完成，可以进行实验。

2. 攻击效果

表 4-1-4 所示为攻击算法 DDN、C&W 和 DeepFool 在数据集 MNIST、CIFAR-10 和 ImageNet 上进行非目标攻击的比较结果。对于 MNIST 和 CIFAR-10，DDN 的实验结果与生成对抗样本的最新技术相比具有相近的攻击成功率。此外，在同样被限制在只有 100 次迭代的情况下，与 C&W、DeepFool 相比较，DDN 能够保持更低的 L_2 范数结果，尽管运行时间稍长于短迭代情况下的 C&W 攻击，但其迭代次数少、运行速度足够快，能够弥补这一不足。而且，我们能够很直观地从表 4-1-4 中看出，在高迭代次数情况下，C&W（9×10 000）攻击运行时间远远长于 DDN（1 000）

攻击，并且得到的攻击效果是相近的。在 ImageNet 上的攻击结果显示，DDN 展现出了更好的攻击效果，在三种迭代策略下，都保持了低于 C&W（$9 \times 10\,000$）和 DeepFool（100）下的 L_2 范数结果，达到了实验预设的目标——保持较低的 L_2 范数。

表 4-1-4　攻击算法 DDN、C&W 和 DeepFool 在数据集 MNIST、CIFAR-10 和 ImageNet 进行非目标攻击的结果比较

数据集	攻击算法	迭代次数	成功率/%	平均 L_2 范数	运行时间/s
MNIST	C&W	4×25	99.2	3.396 8	2.2
		1×100	97.8	3.522 2	2.2
		$9 \times 10\,000$	100	2.508 8	1 228.3
	DeepFool	100	93.4	3.927 5	—
	DDN	100	100	2.635 0	2.2
		300	100	2.508 4	2.2
		1 000	100	2.490 0	21.8
CIFAR-10	C&W	4×25	100	0.202 3	3.3
		1×100	100	0.244 2	3.0
		$9 \times 10\,000$	100	0.154 6	4 196.0
	DeepFool	100	99.2	0.189 7	—
	DDN	100	100	0.152 5	5.7
		300	100	0.149 9	18.1
		1 000	100	0.149 4	58.9
ImageNet	C&W	4×25	100	0.965 4	136.8
		1×100	100	0.742 8	309.2
		$9 \times 10\,000$	100	0.342 0	131 588.5
	DeepFool	100	100	0.282 3	—
	DDN	100	100	0.197 5	734.1
		300	100	0.191 5	2 206.3
		1 000	100	0.190 5	7 642.2

表 4-1-5~表 4-1-7 所示为攻击算法 DDN 与 C&W 在数据集 MNIST、CIFAR-10 和 ImageNet 上进行目标攻击的比较结果。在数据集 MNIST 和 CIFAR-10 上,当控制迭代次数限制在 100 次以内时,DDN 展现了更加优秀的攻击效果。在 ImageNet 数据集上,当 DDN 限制迭代次数为 100 下的情况时,DDN 展现了远远优于 C&W 的效果。当迭代次数限制在 100 次以内时,我们可以很明显地观察到 C&W 对于所涉及的三种数据集的攻击成功率都出现了一定程度上的下降,尤其在选择最小可能分类攻击时,下降幅度甚至超过了 20%。

表 4-1-5 攻击算法 DDN 与 C&W 在数据集 MNIST 上
进行目标攻击的结果比较

攻击算法	迭代次数	总平均		最不可能	
		成功率/%	平均 L_2 范数	成功率/%	平均 L_2 范数
C&W	4×25	85.91	3.850 9	66.7	4.082 1
	1×100	86.18	4.458 0	68.2	4.501 5
	$9 \times 10\,000$	100	2.895 5	100	3.692 3
DDN	100	100	3.043 7	99.7	3.909 8
	300	100	2.917 7	100	3.727 7
	1 000	100	2.897 4	100	3.698 1

表 4-1-6 攻击算法 DDN 与 C&W 在数据集 CIFAR-10 上
进行目标攻击的结果比较

攻击算法	迭代次数	总平均		最不可能	
		成功率/%	平均 L_2 范数	成功率/%	平均 L_2 范数
C&W	4×25	99.81	0.663 7	98.8	0.951 7
	1×100	99.7	0.431 7	99.6	1.092 4
	$9 \times 10\,000$	100	0.275 1	100	0.407 3
DDN	100	100	0.282 0	100	0.424 9
	300	100	0.276 1	100	0.414 4
	1 000	100	0.274 4	100	0.411 4

表 4-1-7　攻击算法 DDN 与 C&W 在数据集 ImageNet 上
进行目标攻击的结果比较

攻击算法	迭代次数	总平均		最不可能	
		成功率/%	平均 L_2 范数	成功率/%	平均 L_2 范数
C&W	4×25	99.3	4.825 7	85.6	7.536 2
	1×100	99.94	2.889 8	78.7	3.538 6
	$9 \times 10\ 000$	100	0.96	100	2.22
DDN	100	100	0.598 4	100	1.025 5
	300	100	0.549 2	100	0.989 1
	1 000	100	0.536 4	100	0.963 7

4.1.5　算法改进

1. 改进方案

从表 4-1-4 中可以观察到，在对 ImageNet 数据集进行攻击，且将攻击迭代次数限制在 100 次以内时，C&W 攻击与 DDN 攻击保持相似的成功率，并且所生成的对抗样本都是肉眼不可见的扰动，如图 4-1-8 所示。但在耗费时间方面，在短迭代策略限制下，C&W 攻击所需的运行时间要短于 DDN 攻击。于是，笔者希望能够在一定程度上缩短短迭代策略下 DDN 攻击的运行时间。由于 DDN 攻击得出的 L_2 范数保持在一个相当低的水平，由此认为可以通过调整不同的 L_2 范数来缩短运行时间。从这个目的出发，在查询对抗样本中设置一个最低范数，限制 $(L_2)_{min}$ 为一个常数。所有对抗样本的一个基本要求就是 L_2 范数尽可能小，达到人类视觉无法（或不易）察觉的目的。对抗样本是为了欺骗分类器，且不被肉眼察觉。

在图 4-1-8 中，原始图像的分类从左到右依次是 steam bottle、bull mastiff、mantis、mexican pancakes、cello；迭代次数为 1×100 的 C&W 攻击后，分类从左到右依次为 beer bottle、boxer、stick insect、guacamole、violin；迭代次数为 1 001 的 DDN 攻击后，分类从左到右依次为 beer bottle、 boxer、stick insect、ice cream、wardrobe。

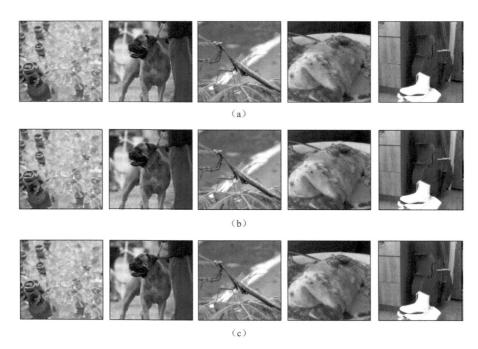

（a）

（b）

（c）

图4-1-8　攻击对比

（a）原始图像；（b）C&W（1×100）；（c）DDN（100）

2. 改进效果

为了将 DDN 攻击更好地与 C&W 攻击进行比较，在此将该常数设置为 C&W 攻击得到的 L_2 范数，C&W、DDN 与 DDN′（改进后的 DDN）的攻击结果对比如表 4-1-8 所示。

表 4-1-8　DDN、C&W 与 DDN′的攻击结果对比

$(L_2)_{min}$	攻击算法	迭代次数	成功率/%	L_2 范数平均值	时间/s
0.3	C&W	4×25	100	0.964 5	136.8
		1×100	100	0.742 8	309.2
	DDN	100	100	0.197 5	734.1
	DDN′	100	100	0.295 8	220.2

从表 4-1-8 中可以看出，设定合适的 L_2 范数来缩短运行时间是可行的。在 L_2 范数只增长了 0.1 的情况下，时间比原来的 DDN 缩短了超过 70%，从而很好地做到了缩短攻击时间。生成的攻击对比如图 4-1-9 所示。

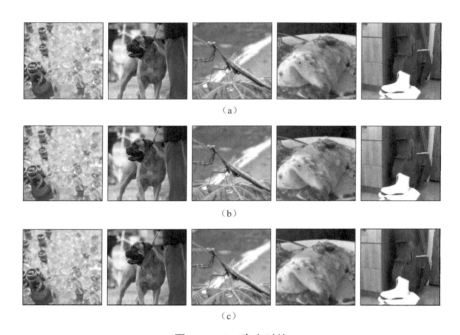

图 4-1-9　攻击对比

（a）原始图像；（b）C&W（1×100）；（c）DDN′（100/0.3）

在此，以 0.1 为叠加参数，测试$(L_2)_{min}$ 每增长 0.1 对 C&W 攻击的效果，从而找到性价比最优的$(L_2)_{min}$，结果如表 4-1-9 所示。

表 4-1-9　$(L_2)_{min}$ 变化对 C&W 攻击的影响

$(L_2)_{min}$	成功率/%	L_2 范数平均值	时间/s	加速/倍
0.3	100	0.295 8	220.2	3.33
0.4	100	0.392 2	154.3	4.76
0.5	98	0.487 8	96.3	7.62
0.6	74	0.503 2	—	—
0.7	74	0.503 2	—	—

限制 $(L_2)_{\min} \in [0.3, 0.7]$，是从视觉效果上和 C&W 攻击更优的角度考虑。由表 4−1−9 可知，当 C&W 攻击的 L_2 范数平均值在 0.4～0.5 范围内时，可以在攻击成功率和生成速度之间达到较好的平衡。

从表 4−1−9 可以看出，当 $(L_2)_{\min}$ 高于 0.4 时，攻击的成功率下降，不满足保证成功率不变的目标条件，从而将其舍弃，所得攻击对比如图 4−1−10 所示。对图 4−1−9 和图 4−1−10 进行比较可以发现，在视觉效果上，人眼无法察觉其中的变化。此外，当 $(L_2)_{\min}=0.4$ 时，DDN 攻击算法寻找对抗样本的速度比原来提升了 4.76 倍，达到了提升速度的要求。因此，选择 $(L_2)_{\min}=0.4$ 可以达到本节实验所期待的最优效果。

由于在目标攻击中，DDN 攻击效果优于 C&W 攻击效果，因此不在目标攻击上做上述更新。

图 4−1−9 与图 4−1−10 中的原图分类、攻击后的错误分类标签均与图 4−1−8 的分类结果一致。

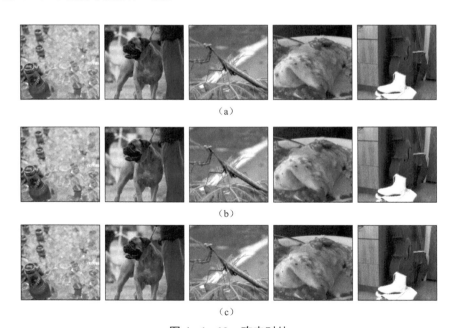

（a）

（b）

（c）

图 4−1−10　攻击对比

（a）原始图像；（b）C&W（1×100）；（c）DDN′（100/0.4）

4.2　基于粒子群优化的对抗方法

本节的所有实验都基于粒子群优化（PSO）展开，因此本节将详细介绍 PSO 的本质、适应度函数的设计、不同实验环境下的粒子形式、速度更新公式，以及标准 PSO 流程。

4.2.1　粒子群优化算法的思想

Eberhart 和 Kennedy[54]提出的粒子群优化算法是一种寻优算法，通过粒子在不断地迭代进化中找到越来越优的位置，最终得到最优解。

整个粒子群能够移动起来的重要前提是知道每个粒子在迭代到不同位置时的优劣情况。对其的优劣评判可以从适应值得到，适应值越高则表示当前位置的粒子越好，而适应值可通过适应度函数计算得到。在 PSO 算法中，适应度函数的设计是至关重要的。首先，适应度函数的每项都要能够对粒子当前位置某方面的优劣有所体现；其次，对各项组成部分进行综合之后，要能对粒子当前位置的优劣进行综合、准确的评估。值得一提的是，适应度函数各项组成部分的权重设置也是举足轻重的。适应度函数的重要性体现在 PSO 算法的收敛速度上，同时适应度函数也决定着能否找到最优解。

PSO 算法的主体是一群粒子，且粒子的形式因实验目标而异，这是在做实验之前应首先考虑的。在 PSO 算法中，粒子形式和最优解形式是相同的，例如，最优解是一个 200 维的向量，那么粒子群中的每个粒子也必须是 200 维的向量。通过之前实验给出的相应目标可知，无论目标模型是黑盒分类模型还是黑盒目标检测模型，最终的目标都是得到一幅样本图像，因此在本节涉及的实验中，每个粒子代表的都是一幅图像。

在 PSO 算法的执行过程中，首先要对种群进行初始化，粒子群接下来的每一次移动都在速度更新公式的指导下进行，不同的速度更新公式对于粒子群的移动有着不同的促进效果。

假设目标搜索空间为 W 维，W 为一幅图像中包含的像素总数的 3 倍

（每个像素点都有 RGB 三个通道）；粒子群中包含 N 个粒子，每个粒子都是一幅图像。那么，第 i 个粒子是一个 W 维向量，可以记为

$$\boldsymbol{X}_i = (x_{i1}, x_{i2}, \cdots, x_{iW}) \quad i = 1, 2, \cdots, N \qquad （4-2-1）$$

式中，$\boldsymbol{X}_i$——图像群中的第 i 幅图像；

$\quad\quad x_{iW}$——图像群中第 i 幅图像的第 $\left\lfloor \dfrac{W}{3} \right\rfloor$ 个像素点上的第 $W \bmod 3$ 个颜色通道上的数值。

第 i 个粒子的移动速度也是一个维度为 W 的向量，记为

$$\boldsymbol{V}_i = (v_{i1}, v_{i2} \cdots, v_{iW}) \quad i = 1, 2, \cdots, N \qquad （4-2-2）$$

式中，$\boldsymbol{V}_i$——图像群中第 i 幅图像的移动速度，即每个像素颜色值的数值变化大小；

$\quad\quad v_{iW}$——图像群中第 i 幅图像的第 $\left\lfloor \dfrac{W}{3} \right\rfloor$ 个像素点上的第 $W \bmod 3$ 个颜色通道上的数值变化大小。

第 i 个粒子到目前为止所找寻到的最优位置称为个体最优值（personal best），记为

$$\boldsymbol{P}_{\mathrm{best}i} = (p_{i1}, p_{i2} \cdots, p_{iW}) \quad i = 1, 2, \cdots, N \qquad （4-2-3）$$

式中，$\boldsymbol{P}_{\mathrm{best}i}$——图像群中第 i 幅图像在之前移动过程中到目前为止所找寻找到的最优图像。

$\quad\quad p_{iW}$——$\boldsymbol{P}_{\mathrm{best}i}$ 的第 $\left\lfloor \dfrac{W}{3} \right\rfloor$ 个像素点上的第 $W \bmod 3$ 个颜色通道上的数值。

整个粒子群中的所有粒子到目前为止所找寻到的最优位置称为全局最优值（global best），记为

$$\boldsymbol{G}_{\mathrm{best}} = (p_{\mathrm{g}1}, p_{\mathrm{g}2}, \cdots, p_{\mathrm{g}W}) \qquad （4-2-4）$$

式中，$\boldsymbol{G}_{\mathrm{best}}$——整个图像群到目前为止所找寻到的最优图像；

$\quad\quad p_{\mathrm{g}W}$——找到的最好的那幅图像的像素值。

假设当前迭代次数为 k，第 i 个粒子在获取 $\boldsymbol{P}_{\mathrm{best}}$ 以及整个粒子群的 $\boldsymbol{G}_{\mathrm{best}}$ 后，再加上本粒子的惯性，即可根据式（4-2-5）计算得到本粒子第 $k+1$

次迭代的移动速度 V_i^{k+1}。

$$V_i^{k+1} = \omega \times V_i^k + c_1 \times \text{rand} \times (P_{\text{best}i}^k - X_i^k) + c_2 \times \text{rand} \times (P_{\text{gbest}}^k - X_i^k)$$
$$i = 1, 2, \cdots, N \qquad (4-2-5)$$

式中，V_i^{k+1}, V_i^k ——第 i 幅图像在第 $k+1$ 次、第 k 次的移动速度；

　　　　ω, c_1, c_2 ——权重；

　　　　rand ——随机数；

　　　　$P_{\text{best}i}^k$ ——第 i 幅图像在移动 k 次后得到的 P_{best}；

　　　　X_i^k ——第 i 幅图像第 k 次移动之后的图像；

　　　　P_{gbest}^k ——整个图像群在进行第 k 次移动后所找到的最优图像。

式（4-2-5）由三部分组成：

第一部分为本粒子的惯性，也就是粒子上一次迭代的移动速度，此部分体现了粒子的运动习惯，表明粒子的运动过程在一定程度上保持了上一次迭代的运动速度，因此本项的权重 ω 称为惯性权重。

第二部分为粒子的"认知"部分，即粒子在之前的移动过程中所总结的自身经验，粒子本身的经验知识对粒子的下一次优化起着至关重要的作用，此项的权重 c_1 被称为认知学习因子。

第三部分为粒子的"社会"部分，这一部分的信息是由整个粒子群在进行信息共享后所总结得到的社会经验，所有粒子都通过此社会经验向迄今为止的最优位置靠拢，因此此项的权重 c_2 被称为社会学习因子。

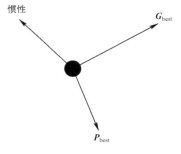

式（4-2-5）为 PSO 算法的标准形式，标准 PSO 速度解析如图 4-2-1 所示。

有了粒子当前的移动速度，即可根据式（4-2-6）更新粒子的位置。

图 4-2-1　标准 PSO 速度解析

$$X_i^{k+1} = X_i^k + V_i^{k+1} \quad i = 1, 2, \cdots, N \qquad (4-2-6)$$

4.2.2　粒子群优化算法的流程

标准 PSO 流程的步骤如下：

第1步，对粒子群进行初始化，包括群体规模和初始种群。

第2步，根据给出的适应度函数，计算每个粒子的适应值 f_{tn_i}。

第3步，针对每个粒子，使用其适应值 f_{tn_i} 和 $\boldsymbol{P}_{best i}$ 的适应值 $P_{best i}F_{tn}$ 进行比较，如果粒子当前所在位置的适应值 f_{tn_i} 大于 $P_{best i}F_{tn}$，则将 $\boldsymbol{P}_{best i}$ 更新为粒子当前所在位置。

第4步，针对每个 $\boldsymbol{P}_{best i}$，使用其适应值 $P_{best i}F_{tn}$ 和 $\boldsymbol{G}_{best}$ 的适应值 $G_{best}F_{tn}$ 进行比较，如果 $P_{best i}F_{tn}$ 大于 $G_{best}F_{tn}$，则将 $\boldsymbol{G}_{best}$ 更新为 $\boldsymbol{P}_{best i}$。

第5步，根据式（4-2-5）计算得到每个粒子的移动速度，进而根据式（4-2-6）更新每个粒子的位置。

第6步，判断是否满足终止条件（找到符合条件的解或者达到迭代上限），如果满足则退出，否则返回第2步继续执行。

标准 PSO 流程示意如图 4-2-2 所示。

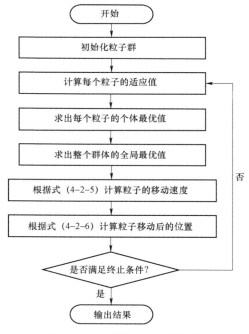

图 4-2-2 标准 PSO 流程示意

4.2.3　图像的相似性度量

本节实验涉及两幅图像的相似性度量，常用的度量方法就是计算这两幅图像之间的距离。距离的计算有很多方法，其中包括闵可夫斯基距离。两个 n 维的向量 $\boldsymbol{X}_1$、$\boldsymbol{X}_2$ 的闵可夫斯基距离 L_p 为

$$L_p = \sqrt[p]{\sum_{k=1}^{n} \left| \boldsymbol{X}_{1k} - \boldsymbol{X}_{2k} \right|^p} \qquad （4-2-7）$$

式中，　k ——维度；

　　　　$\boldsymbol{X}_{1k}$ ——向量 $\boldsymbol{X}_1$ 的第 k 维；

　　　　$\boldsymbol{X}_{2k}$ ——向量 $\boldsymbol{X}_2$ 的第 k 维；

　　　　p ——可变参数，当 p 取不同数值时，式（4-2-7）表示的距离含义有所不同。

当 $p=0$ 时，L_0 范数表示两个向量中对应元素数值不相等的元素数量。

当 $p=2$ 时，$L_2 = \sqrt[2]{\sum_{k=1}^{n} \left| \boldsymbol{X}_{1k} - \boldsymbol{X}_{2k} \right|^2}$ 。

当 $p=\infty$ 时，$L_\infty = \lim_{p \to \infty} \sqrt[p]{\sum_{k=1}^{n} \left| \boldsymbol{X}_{1k} - \boldsymbol{X}_{2k} \right|^p} = \max_{1 \leqslant k \leqslant n} \left| \boldsymbol{X}_{1k} - \boldsymbol{X}_{2k} \right|$，$L_\infty$ 范数又称为切比雪夫距离，表示两个向量之间对应元素数值差绝对值的最大值。

针对本节的所有实验而言，L_2 范数能够更准确地表示图像的像素质量，因此本节涉及的所有实验都采用 L_2 范数。

4.2.4　基于 PSO 的目标攻击方案设计

本方案的前提为给定一张原始图像 x 和一个目标类 y^*，本方案的目标为生成一张视觉效果为原始图像，但被黑盒分类模型错分为目标类的目标对抗样本 x^*。即要使对抗样本与原始图像的 L_2 范数尽可能小，且对抗样本被黑盒分类模型分类为目标类所对应的置信度尽可能高。

将 PSO 算法应用到本方案时，需要考虑的内容主要有目标图像的选取、初始种群的规模及其设定、适应度函数的设计、速度更新公式的设计以及

算法终止条件。

目标图像的优劣性体现在其与原始图像的 L_2 范数和其被黑盒模型分类为目标类的置信度。优劣不同的目标图像对于对抗样本的生成有较大影响，目标图像选取得越优，对抗样本的生成速度就会越快。目标图像与原始图像的 L_2 距离越小，且目标图像被黑盒模型分类为目标类的置信度越高，目标图像就越优。选取较优的目标图像虽然会浪费一些黑盒分类模型查询次数，但这些查询次数在生成对抗样本的总查询次数中占比极小，因此在实验初期对目标图像进行选取是非常有价值的。

1. 初始种群生成

在生成初始种群前，需要考虑群体规模 N 的大小以及初始种群的设定问题。

统计结果表明，群体规模 N 一般可设置为 $20\sim40$，对于特定的（或极其复杂的）问题，群体规模 N 最大可以设置为 $100\sim200$。在本实验中，不同的群体规模对所需查询黑盒模型的次数有一定的影响，为了明确其影响的作用大小，后续小节将给出相关实验。

初始种群的设定对于实验的成败是非常关键的，而初始种群的选取有很多种方案，因此要尽可能选出较优的种群初始化方案。本实验最初设定了两种种群初始化方案：一种是将初始种群设定在原始图像附近，此时初始种群与原始图像的 L_2 距离较小，但是初始种群被黑盒分类模型分类为目标类对应的置信度极小；另一种是将初始种群设定在目标图像（被黑盒分类模型分类为目标类的图像）附近，此时初始种群被黑盒分类模型分类为目标类所对应的置信度极大，但是初始种群与原始图像的 L_2 距离较大。在实践中发现，前一种方案很难产生理想的对抗样本，因此后续主要考虑后一种方案的可实施性。

现在已知要在目标图像附近进行初始化，但还需要考虑初始种群与目标图像的距离设定问题。本实验采用的方案为在目标图像上加入一定量的高斯噪声。初始种群的生成公式为

$$S = \text{clip}(t + \alpha \times \text{rand}(N, h, w, 3), 0.0, 1.0) \qquad (4-2-8)$$

式中，　S——初始种群；

　　　　$\text{clip}(a, a_{\min}, a_{\max})$——限制数值大小函数，可将数组 a 中的数值大小

　　　　　　　　　　　　限制在 $a_{\min}$ 和 $a_{\max}$ 之间；

　　　　t——目标图像；

　　　　α——超参数，控制着在原始图像上加入的噪声大小；

　　　　N——群体规模；

　　　　h——图像的高度；

　　　　w——图像的宽度；

　　　　3——图像颜色通道数；

　　　　$\text{rand}(N, h, w, 3)$——初始化每个粒子所采用的扰动随机值。

2. 适应度函数设计

从本实验的目标可知，粒子与原始图像的距离大小与其被黑盒分类模型分类为目标类所对应的置信度高低之间存在内在联系。具体而言，距离越小，粒子越优。为了使适应度函数能够对粒子的优劣进行综合评估，那么粒子的适应度函数不仅要包含以上两方面，还要在粒子与原始图像的 L_2 距离越小以及粒子被分类为目标类所对应的置信度越高的情况下，计算得到越高的粒子适应值，因此本实验的适应度函数对 L_2 距离取负，同时对黑盒模型返回的置信度部分取正。本实验的适应度函数可记为

$$f_{\text{tn}} = \sigma \times \text{score} - L_2 \qquad (4-2-9)$$

式中，　f_{tn}——适应值；

　　　　score——粒子当前所在位置的得分；

　　　　σ——score 的权重；

　　　　L_2——粒子与原始图像的 L_2 距离。

由前面章节给出的黑盒模型的定义，在此假定只能获取目标模型返回的 top−1 分类标签及置信度。黑盒分类模型对于对抗样本给出的标签可以

分为两种情况：一种是黑盒模型返回的 top−1 分类标签 l_{top1} 是目标类 y^*；另一种是黑盒模型返回的 top−1 分类标签 l_{top1} 不是目标类 y^*。针对前一种情况，只需将黑盒分类模型此时返回的 top−1 分类标签对应的置信度 c_{top1} 赋值给 score 即可；后一种情况表明，粒子当前的所处位置是极其糟糕的，为了降低此位置的适应值，本实验采取了将 score 赋值为 0 的操作。目标攻击下的 score 赋值为

$$score = \begin{cases} c_{top1}, & l_{top1} = y^* \\ 0, & l_{top1} \neq y^* \end{cases} \qquad （4-2-10）$$

为了使粒子的适应值能够尽可能对其综合质量进行准确评估，就不仅要考虑对 score 的赋值，还要平衡 score 和 L_2 距离的数量级。PSO 算法依据适应值选取 $\boldsymbol{P}_{best}$ 和 $\boldsymbol{G}_{best}$，合理情况是适应值越大则粒子的质量越优，但是如果错误地将劣质粒子视为优质粒子，就会直接导致实验失败。本实验中的图像都进行了归一化处理，即每个像素的值都在 0～1。初始种群与原始图像的 L_2 距离的数量级一般为 2，初始种群的置信度数量级一般为 −1，在后续的迭代过程中，置信度的数量级基本保持 −1，L_2 距离的数量级最低为 1。假设适应度函数中 score 和 L_2 距离的权重都为 1，算法在运行的过程中，一个粒子的 L_2 距离下降的数值一旦超过 score，算法就错误地将此粒子认定为优质粒子，而粒子的 L_2 距离下降的数值超过 score 的情况时有发生，那么此时适应值并不能准确地反映粒子的优劣。这种情况出现的原因主要是 score 和 L_2 距离的数量级不平衡，score 的数量级比 L_2 距离的小得多，因此要赋予 score 一个较大的权重 σ，对 score 和 L_2 距离之间的数量级进行平衡，进而达到适应值越大则粒子质量越优的目的。本实验可以归纳为寻优问题，并且可以拟出适应度函数，因此尝试了将 PSO 算法作为求解方案。

3. 速度更新公式设计

在对抗样本的生成中，如果只运用标准 PSO 算法，将导致实验直接失败，因此要在速度更新公式中注入更多的信息。在标准 PSO 算法中，速度

更新公式包括惯性 E、P_{best} 和 G_{best} 三项，但是在此方案环境下，已知要生成一个视觉效果为原始图像的对抗样本，就相当于知道粒子要达到的像素属性最优位置 U_{best}。在此，U_{best} 被初始化为原始图像对应的向量。为了使 PSO 算法能够解决本实验情景下的问题，本实验将粒子群在每次移动的过程中都沿着 U_{best} 的方向靠拢，从而可以在很大程度上减少黑盒模型的查询次数。如果不加此项，则相当于对图像的行进路线没有导引，这不仅会大幅增加迭代次数，还可能导致本算法有极大可能性找不到最优解。

在加入 U_{best} 后，虽然可以在粒子保持有较高置信度的基础上缓慢降低 L_2 距离，但是 PSO 算法有个极大的缺陷——非常容易陷入局部最优。为了解决此问题，本方案在速度更新公式中加入了高斯噪声。

本节实验基于 PSO 的目标攻击速度解析如图 4-2-3 所示。

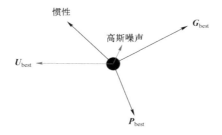

图 4-2-3　基于 PSO 的目标攻击速度解析

在本实验中，粒子速度更新公式主要分为两个阶段。在初始阶段，设计了随粒子得分变化而变化的速度更新公式；在后期阶段，设计了随粒子迭代次数变化而变化的速度更新公式。

观察大量实验后发现，在迭代初始阶段的前期，粒子可以在 L_2 距离下降较快的情况下，依然保持和目标图像相当的得分（score），但是过了一定的迭代次数后，粒子虽然依旧能够保持较大的下降速度，但是此时粒子的得分也会大幅下降，而前期得分下降的幅度将会非常影响后期的查询次数，根据本实验适应度函数的特点，后期要使用非常多的查询次数才能将粒子得分缓慢提升。因此，在实验的初始阶段要对粒子的得分有所把控，然后据此来设计速度更新公式。本实验初始阶段设计的随粒子得分变化而变化的速度更新公式包含五部分：惯性 E、P_{best}、G_{best}、U_{best}、高斯噪声。公式为

$$pv = \varphi_1 \times E + \varphi_2 \times \text{rand} \times (P_{\text{best}} - x) + \varphi_3 \times \text{rand} \times (G_{\text{best}} - x) +$$

$$\varphi_4 \times (U_{\text{best}} - x) + \varphi_5 \times \text{rand}(N, h, w, 3) \qquad （4-2-11）$$

式中，φ_1 为惯性权重函数；φ_2 为认知学习因子函数；φ_3 为社会学习因子函数；φ_4 为 U_{best} 权重函数；φ_5 为高斯噪声权重函数；式中的所有权重函数都与粒子得分有关。

当粒子群的平均得分小于一定的数值后，粒子群就进入后期迭代阶段。在此阶段，设计了随粒子迭代次数变化而变化的速度更新公式，这一阶段的速度更新公式中只包含惯性 E、G_{best}、U_{best} 和高斯噪声四项，而没有加入 P_{best} 这一项，主要使用 G_{best} 来引导粒子向已知的最优位置靠近。这一阶段的速度更新公式为

$$pv = \varphi_1' \times E + \varphi_3' \times \text{rand}(G_{\text{best}} - x) + \varphi_4' \times (U_{\text{best}} - x) + \varphi_5' \times \text{rand}(N, h, w, 3)$$

$$（4-2-12）$$

式中，φ_1' 为本阶段的惯性权重函数；φ_3' 为本阶段的社会学习因子函数；φ_4' 为本阶段的 U_{best} 权重函数；φ_5' 为本阶段的高斯噪声权重函数；式中的所有权重函数都与粒子的迭代次数有关。

有了粒子当前的移动速度 pv，就可以根据公式来更新粒子的位置 X，即

$$X = \text{clip}(X + pv, 0.0, 1.0) \qquad （4-2-13）$$

本算法不仅会记录每个粒子的 P_{best} 和整个粒子群的 G_{best}，还会分别对其适应值进行记录，因为本算法是通过粒子的适应值来比较其优劣。本节将 P_{best} 对应的适应值标记为 $P_{\text{best}}F_{\text{tn}}$，将 G_{best} 对应的适应值标记为 $G_{\text{best}}F_{\text{tn}}$。本节通过初始种群中的每个粒子及其对应的适应值分别对每个粒子的 P_{best} 和 $P_{\text{best}}F_{\text{tn}}$ 进行了初始化，P_{best} 和 $P_{\text{best}}F_{\text{tn}}$ 的初始化公式分别为

$$\boldsymbol{P}_{\text{best}}[i] = \boldsymbol{x}_i, \ i = 1, 2, \cdots, N \qquad (4-2-14)$$

$$P_{\text{best}}F_{\text{tn}}[i] = f_{\text{tn}}[i], \ i = 1, 2, \cdots, N \qquad (4-2-15)$$

式中，　$\boldsymbol{x}_i$——粒子群中的第 i 个粒子；

　　　　$\boldsymbol{P}_{\text{best}}[i]$——第 i 个粒子的最优个体；

　　　　N——群体规模；

　　　　$P_{\text{best}}F_{\text{tn}}[i]$——第 i 个粒子的个体最优值对应的适应值；

　　　　$f_{\text{tn}}[i]$——第 i 个粒子当前位置的适应值。

　　由于 $\boldsymbol{G}_{\text{best}}$ 是从所有的 $\boldsymbol{P}_{\text{best}}$ 中选取的最优值，因此 $\boldsymbol{G}_{\text{best}}$ 的初始化不仅包含赋初值操作，还包含更新操作。同时，$\boldsymbol{G}_{\text{best}}$ 对应的适应值 $G_{\text{best}}F_{\text{tn}}$ 也进行初始化操作。本节实验采取的 $\boldsymbol{G}_{\text{best}}$ 和 $G_{\text{best}}F_{\text{tn}}$ 赋初值操作为将第一个粒子的 $\boldsymbol{P}_{\text{best}}$ 及 $P_{\text{best}}F_{\text{tn}}$ 分别赋值给 $\boldsymbol{G}_{\text{best}}$ 和 $G_{\text{best}}F_{\text{tn}}$。$\boldsymbol{G}_{\text{best}}$ 和 $G_{\text{best}}F_{\text{tn}}$ 的赋初值操作分别为

$$\boldsymbol{G}_{\text{best}} = \boldsymbol{P}_{\text{best}}[0] \qquad (4-2-16)$$

$$G_{\text{best}}F_{\text{tn}} = P_{\text{best}}F_{\text{tn}}[0] \qquad (4-2-17)$$

　　对于 $\boldsymbol{G}_{\text{best}}$ 和 $G_{\text{best}}F_{\text{tn}}$ 的更新，需要将粒子群中每个粒子的 $P_{\text{best}}F_{\text{tn}}$ 与 $G_{\text{best}}F_{\text{tn}}$ 进行比较，进而得到整个粒子群的全局最优值，以及对应的适应值。初始化中 $\boldsymbol{G}_{\text{best}}$ 和 $G_{\text{best}}F_{\text{tn}}$ 的更新公式分别为

$$\boldsymbol{G}_{\text{best}} = \begin{cases} \boldsymbol{P}_{\text{best}}[i], & P_{\text{best}}F_{\text{tn}}[i] > G_{\text{best}}F_{tn} \\ \text{Nop}, & P_{\text{best}}F_{\text{tn}}[i] \leqslant G_{\text{best}}F_{tn} \end{cases} \quad i = 1, 2, \cdots, N$$

$$(4-2-18)$$

$$G_{\text{best}}F_{\text{tn}} = \begin{cases} P_{\text{best}}F_{\text{tn}}[i], & P_{\text{best}}F_{\text{tn}}[i] > G_{\text{best}}F_{tn} \\ \text{Nop}, & P_{\text{best}}F_{\text{tn}}[i] \leqslant G_{\text{best}}F_{tn} \end{cases} \quad i = 1, 2, \cdots, N$$

$$(4-2-19)$$

式中，Nop——无操作。

　　本方案在每次迭代的过程中要对每个粒子的 $\boldsymbol{P}_{\text{best}}$ 和群体的 $\boldsymbol{G}_{\text{best}}$ 进行更新，以便了解当前的个体最优位置和全局最优位置，$\boldsymbol{P}_{\text{best}}$ 和 $\boldsymbol{G}_{\text{best}}$ 均依据

$P_{\text{best}}F_{\text{tn}}$ 和 $G_{\text{best}}F_{\text{tn}}$ 进行更新，因此在每次迭代中还要对 $P_{\text{best}}F_{\text{tn}}$ 和 $G_{\text{best}}F_{\text{tn}}$ 进行更新。在每次迭代中，$\boldsymbol{G}_{\text{best}}$ 和 $G_{\text{best}}F_{\text{tn}}$ 的更新也是根据式（4-2-18）和式（4-2-19）进行的。每个粒子的 $\boldsymbol{P}_{\text{best}}$ 和 $P_{\text{best}}F_{\text{tn}}$ 的更新公式分别为

$$\boldsymbol{P}_{\text{best}}[i] = \begin{cases} \boldsymbol{x}_i, & f_{\text{tn}}[i] > P_{\text{best}}F_{\text{tn}}[i] \\ \text{Nop}, & f_{\text{tn}}[i] \leqslant P_{\text{best}}F_{\text{tn}}[i] \end{cases} \quad i = 1, 2, \cdots, N \quad (4-2-20)$$

$$P_{\text{best}}F_{\text{tn}}[i] = \begin{cases} f_{\text{tn}}[i], & f_{\text{tn}}[i] > P_{\text{best}}F_{\text{tn}}[i] \\ \text{Nop}, & f_{\text{tn}}[i] > P_{\text{best}}F_{\text{tn}}[i] \end{cases} \quad i = 1, 2, \cdots, N$$

$$(4-2-21)$$

4. 算法终止条件

本方案的主循环体设置了两个判断条件。

根据黑盒模型的定义可知，攻击方不能对黑盒模型进行无限次数的查询，因此本节实验设置了最大可查询次数 V，于是第一个判断条件为判断当前查询次数 q 是否已超出最大可查询次数 V，即

$$q \leqslant V \quad (4-2-22)$$

如果 $q > V$，则表明目标对抗样本生成失败，此时算法终止，并返回目标对抗样本生成失败的信息，以及当前效果最好的生成失败的目标对抗样本。

当满足第一个判断条件后，就继续执行算法过程代码，然后对第二个条件进行判断。第二个判断条件为

$$L_2 \leqslant \varepsilon \text{ 且 score} \geqslant \beta \quad (4-2-23)$$

式中，L_2——粒子当前所在的位置与原始图像的 L_2 距离；

ε——对抗样本的扰动上限；

score——粒子当前所在位置的得分；

β——对抗样本的置信度下限。

当粒子当前所在的位置与原始图像的 L_2 距离下降到对抗样本的扰动上限 ε 后，同时此粒子被黑盒模型分类为目标类，且目标类所对应的置信

度也高于对抗样本的置信度下限 β 后，则表明目标对抗样本生成成功，此时算法终止，并返回目标对抗样本生成成功的信息，以及成功生成的目标对抗样本。

本节实验的基于 PSO 的目标攻击下算法终止条件判断流程如图 4-2-4 所示。

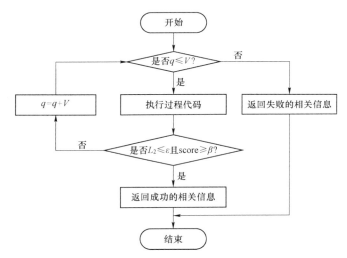

图 4-2-4 目标攻击下算法终止条件判断流程

5. PSO 的目标攻击算法具体流程

黑盒分类模型下基于 PSO 的目标攻击算法见算法 4-2-1。其中，主要融合了初始种群生成、适应度函数、速度更新公式和算法终止条件。

在给定的查询次数内找到符合条件的对抗样本时（即成功找到对抗样本时），该算法将直接对成功生成的对抗样本进行输出；当查询次数用完但并未找到符合条件的对抗样本时，为了掌握此种情况下对抗样本的生成效果，该算法对此时找到的最优图像进行输出，即对当前的 G_{best} 进行输出。

算法 4 - 2 - 1   黑盒分类模型下基于 PSO 的目标攻击算法

输入：黑盒分类模型 f；原始图像 x；目标类 y^*；群体规模 N；最大可查询次数 V

输出：当成功找到对抗样本时，输出" True "和成功生成的对抗样本 x^*；否则，输出" False "和当前所找到的质量最优的粒子 G_{best}

1:　　选取较优的目标图像 t

2:　　将原始图像 x 和目标图像 t 调整为统一大小：高度为 h、宽度为 w

3:　　按照式（4 - 2 - 8）得到初始种群 S

4:　　利用式（4 - 2 - 9）和式（4 - 2 - 10）计算每个粒子当前位置的适应值 f_{tn}

5:　　根据式（4-2-14）和式（4-2-15）初始化每个粒子的 P_{best} 和 $P_{best}F_{tn}$

6:　　根据式（4 - 2 - 16）、式（4 - 2 - 17）、式（4 - 2 - 18）和式（4 - 2 - 19）初始化 G_{best} 和 $G_{best}F_{tn}$

7:　　for　$p = 1$　to　V / N　do

8:　　采用式（4 - 2 - 11）或者式（4 - 2 - 12）计算每个粒子接下来的速度 pv

9:　　按照式（4 - 2 - 13）更新粒子的位置 X

10:　　利用式（4 - 2 - 9）计算得到每个粒子当前位置的适应值 f_{tn}

11:　　根据式（4 - 2 - 20）和式（4 - 2 - 21）更新每个粒子的 P_{best} 和 $P_{best}F_{tn}$

12:　　根据式（4 - 2 - 18）和式（4 - 2 - 19）更新整个种群的 G_{best} 和 $G_{best}F_{tn}$

13:　　依据主函数体算法终止判断条件，判断对抗样本是否成功生成

14:　　如果达到对抗样本的要求，则返回成功的相关信息，算法结束

15:　　end for

16:　　返回失败的相关信息，算法结束

6. 实验配置

1）实验环境介绍

本节涉及的所有实验都是在如表 4-2-1 所示的硬件环境下完成的。因为 GPU 比 CPU 能够更好地支持深度学习方面的计算，所以本节所有实验中的计算任务主要都在 GPU 上完成。

表 4-2-1　实验硬件环境

硬件环境	参　　　数
CPU	Intel Xeon E5-2673 v3 @ 2.40 GHz
GPU	GeForce GTX 1080
RAM	96 GB

本节的所有实验都是在深度学习框架 TensorFlow 上进行的。由于 TensorFlow 的架构极其灵活，因此用户能够很容易地将计算内容部署到 CPU、GPU 或者 TPU 等平台以及设备上。本节涉及的所有实验在计算过程中处理的数据量几乎都处于百万数量级，因此计算速度是非常值得考虑的问题之一。为了提升算法的计算速度，一方面，代码要足够简练；另一方面，计算机的 GPU 等硬件设备要能够充分地利用。为了提升 GPU 的运算速度，本节涉及的所有实验都采用了英伟达公司推出的一款名为 CUDA 的计算架构，同时为了使 GPU 能够计算深度学习领域的数据，本节涉及的所有实验都使用了 cuDNN。本节所有实验采用的软件环境如表 4-2-2 所示。

表 4-2-2　实验软件环境

软件环境	参数
深度学习框架	TensorFlow 1.9
语言版本	Python 3.6
操作系统版本	Ubuntu 16.04.4 LTS
CUDA 版本	CUDA 9.0
cuDNN 版本	cuDNN 7.0

在黑盒模型和原始图像的选取方面，本节实验选取的黑盒分类模型为 Inception v3。Inception v3 模型是基于 ImageNet 训练集和验证集得来的（众所周知，ImageNet 测试集、训练集以及验证集基本服从同一分布）。为了让实验更有说服力，本节实验选取的图像都要能够被黑盒分类模型正确分类，如果黑盒分类模型对原始图像的分类最初就是错的，那么后期就无法对对抗样本的成功率进行判断，因此本节实验中的原始图像都是从 ImageNet 测试集中随机选取出来的。此外，本节实验中的目标图像也都是从 ImageNet 测试集中随机选取出来的。从 ImageNet 测试集中随机选取原始图像和目标图像的好处是在保持实验真实性的前提条件下，减少实验前期对图像的筛选工作。

2）实验参数设定

本节实验主要包括种群初始化、适应度函数、速度更新公式以及算法终止条件四个部分，各部分参数设定如下。

（1）种群初始化中的参数设定：在具体的实验中，给定的原始图像和目标图像的高度 h、宽度 w 都设置为 299；群体规模 N 设置为 3，但是为了证实不同的群体规模对于黑盒模型查询次数的影响，本节实验将群体规模 N 分别设置为不同的数值并进行了对比实验；初始种群生成公式中的噪声权重 α 采用 0.01。

（2）适应度函数中的参数设定：置信度在适应度函数的权重 σ 采用 15，原因是 score 最初非常接近于 1，不同的原始图像与目标图像对最初的 L_2 距离平均在 100～300（归一化后），因此为了在适应度函数中平衡这两个变量的数量级，将 σ 设置为 15。而且在后续的迭代过程中，score 的数量级都基本保持为 -1，L_2 距离的数量级也基本处于 2～3，所以将 σ 设置为 15 在整个实验的过程中都是可行的。

（3）算法终止条件中的参数设定：最大可查询次数 V 被设置为 800 000；对抗样本的置信度下限 β 采用 0.8；本节实验将和 NES＋PGD 方法作比较，NES＋PGD 方法设定的扰动上限是 0.05 的 L_∞ 距离，而本节实验是基于 L_2 距离进行判定，因此本节实验对抗样本扰动上限 ε 的设定将由

$\sqrt{0.05 \times h \times w \times 3}$ 给出，将 h 和 w 的值代入此函数后计算得 25.9。本节实验为了降低对抗样本扰动大小，将对抗样本扰动上限 ε 设置为 25。

7. 群体规模对查询次数的影响

为了验证不同大小的群体规模在生成对抗样本时对所需黑盒模型查询次数的影响，在此将选定的一对原始图像和目标图像运行在多组不同的群体规模下来进行验证。

所选取的原始图像和目标图像对如图 4-2-5 所示。其中，图 4-2-5（a）为选定的原始图像，其被黑盒分类模型以 0.848 2 的置信度分类为 goose；图 4-2-5（b）为选定的目标图像，其被黑盒分类模型以 0.897 4 的置信度分类为 wood rabbit。

(a)　　　　　　　　　　(b)

图 4-2-5　目标攻击下的原始图像和目标图像对

（a）原始图像（goose: 0.848 2）；（b）目标图像（wood rabbit: 0.897 4）

这部分实验将群体规模 N 分别设定为 3、5、10、15、20、25 六个不同的取值，基于图 4-2-5 给定的数据所作的群体规模对查询次数影响的折线图如图 4-2-6 所示。其中，每种颜色的折线对应一个群体规模数值，因此该图中共有 6 条折线。图中的横坐标为黑盒模型查询次数，纵坐标为当前图像与原始图像的 L_2 距离。从中可以看到，随着黑盒模型查询次数的增加，当前图像与原始图像的 L_2 距离在逐渐缩小。

由图 4-2-6 可以得出结论：随着群体规模 N 的增加，在生成对抗样本的过程中所需的黑盒模型查询次数呈递增趋势。在成功生成对抗样本时，群体规模为 25 时所需的黑盒模型查询次数是群体规模为 3 时所需的黑盒模型查询次数的 2.5 倍。因此，为了尽可能减少黑盒模型查询次数，本节实验都基于群体规模为 3 进行。

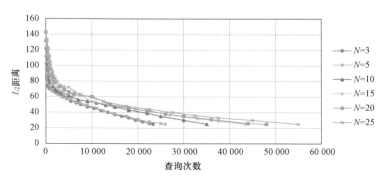

图 4-2-6　群体规模对查询次数的影响（书后附彩插）

8. 不同的目标图像对查询次数的影响

不同目标图像之间的差异，主要体现在其被黑盒模型分类为目标类所对应的置信度的不同，以及其与原始图像的 L_2 距离的不同。为了验证不同目标图像之间的这两方面差异对于黑盒模型查询次数的影响，在此设计了两组实验来进行验证。第 1 组选取的是置信度基本一致，但是 L_2 距离差异较大的目标图像集；第 2 组选取的是 L_2 距离基本一致，但是置信度差异较大的目标图像集。

第 1 组实验选取的原始图像和不同 L_2 距离的目标图像集如图 4-2-7 所示。其中，最左侧的图像为原始图像，（a）～（f）为选定的目标图像集（标签均为 starfish），每张目标图像的上方都标识着其被黑盒分类模型分类的标签及其置信度，L_2 表示其自身与原始图像的 L_2 距离，（a）～（f）的 L_2 距离依次增大。

基于图 4-2-7 中的数据，不同 L_2 距离的目标图像对黑盒模型查询次数的影响折线图如图 4-2-8 所示。其中，横轴为黑盒模型的查询次数，纵轴为当前图像与原始图像的 L_2 距离，图例（a）～（f）分别对应图 4-2-7 中的目标图像（a）～（f）。从图 4-2-8 中的折线可以看出，随着黑盒模型查询次数的增加，其与原始图像的 L_2 距离都在逐渐减小。

图 4-2-7 原始图像和不同 L_2 距离的目标图像集

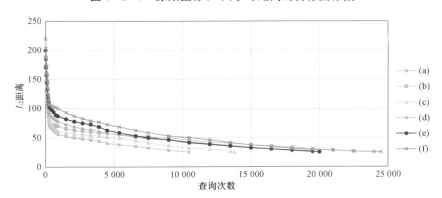

图 4-2-8 不同 L_2 距离的目标图像对黑盒模型查询次数的影响（书后附彩插）

观察这 6 条折线可大致总结出规律：与原始图像 L_2 距离越小的目标图像，在成功生成对抗样本时所需的黑盒模型查询次数越少。本节实验选取的 L_2 距离最小的目标图像（a）和 L_2 距离最大的目标图像（f），在 L_2 距离都下降到 25 的情况下，目标图像（f）比目标图像（a）所需的黑盒模型查询次数多近 15 000 次。

第 2 组实验选取的原始图像和不同置信度的目标图像集如图 4-2-9 所示。其中，最左侧的图像为原始图像，（a）～（f）为选定的目标图像集（标签均为 umbrella），每幅目标图像的上方都标识着其被黑盒分类模型分类的标签及其置信度，以及其自身与原始图像的 L_2 距离，（a）～（f）被黑盒分类模型分类的置信度依次增大。

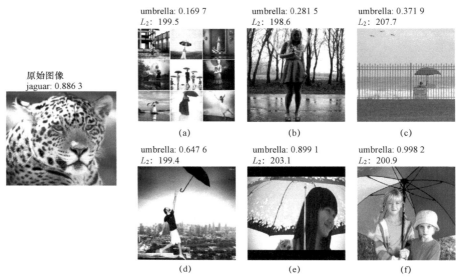

图 4-2-9 原始图像和不同置信度的目标图像集

基于图 4-2-9 中的数据，不同置信度的目标图像对于黑盒模型查询次数的影响折线图如图 4-2-10 所示。其中，横轴为黑盒模型查询次数，纵轴为当前图像与原始图像的 L_2 距离，图例（a）～（f）分别对应图 4-2-9 中的目标图像（a）～（f）。从图 4-2-10 中的折线可以看出，随着黑盒模型查询次数的增加，其与原始图像的 L_2 距离都在逐渐减小。

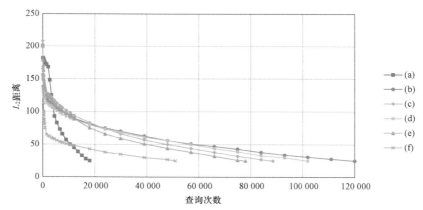

图 4-2-10 不同置信度的目标图像对黑盒模型查询次数的影响（书后附彩插）

本案例中出现了一个个例——被黑盒分类模型分类为目标类的置信度最小的目标图像（a）在所有的目标图像中脱颖而出，但这并不能代表总趋势。观察其他 5 条折线，可大致总结出规律：被黑盒分类模型分类为目标类的置信度越高的目标图像，在成功生成对抗样本时所需的黑盒模型查询次数越少。只因置信度不同，在成功生成对抗样本时，目标图像（b）比目标图像（f）所需的黑盒模型查询次数要多 70 000 次。

从这两组实验中可以发现，被黑盒模型分类为目标类所对应的置信度越高、与原始图像的 L_2 距离越小的目标图像，在生成对抗样本的过程中优势越明显。因此在进行目标攻击时，攻击方可按以上规律对目标图像进行选取，此操作可在很大程度上减少黑盒模型查询次数。

4.2.5 实验与结果分析

1. 基于 PSO 的目标攻击案例展示与分析

接下来，将以案例的形式对黑盒分类模型下基于 PSO 的目标对抗样本生成过程进行展示，如图 4-2-11 所示。

本案例给定的原始图像如图 4-2-11（1）所示，此原始图像被黑盒分类模型以 0.958 7 的置信度分类为 junco。本案例给定的目标类为 starfish。本案例选取的目标图像如图 4-2-11（a）所示，此目标图像被黑盒分类模型以 0.999 5 的置信度分类为 starfish。除去原始图像和目标图像之外，图 4-2-11 还剩 10 幅对抗样本生成过程图,每幅过程图像的上方都包含三项信息：查询次数、L_2 距离和 score（得分）。查询次数表示截至当前已查询黑盒分类模型的次数；L_2 表示当前图像与原始图像的 L_2 距离；置信度表示当前图像被黑盒分类模型分类为目标类的置信度。图 4-2-11（b）上方的查询次数为 0，表示生成当前图像时未对黑盒分类模型进行查询，其是从初始种群中选取的初始 G_{best} 粒子。由于图 4-2-11 所示的对抗样本生成过程展示的是查询次数为当前次数时粒子种群中被推选为 G_{best} 的粒子，因此可以看到这 10 幅对抗样本生成过程图像都被分类为目标类，这也验证了适应度函数设计的合理性。而且，随着迭代次数的增加，粒子的 L_2 距离逐渐减小,当 L_2 距离减小到 25 且 score 大于 0.8 时,算法终止,返回最终成功生成的对抗样本。

由图 4-2-11 可以看出,在迭代前期,即使 L_2 距离下降的速度很快,却依然可以保持较高的得分。针对此情况,本节实验在迭代前期设计了较快的粒子移动速度。至于速度快慢的控制问题,笔者在通过观察大量实验过程数据后,设计了随粒子得分变化而变化的速度更新公式。

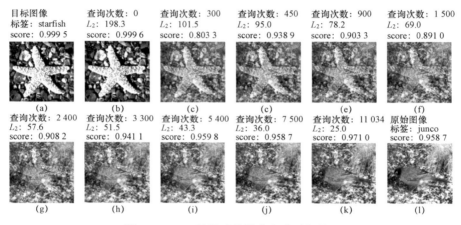

图 4-2-11　目标对抗样本生成过程展示

从图 4-2-11 中可以观察到,在生成对抗样本的过程中,随着查询次数的增加,过程图的置信度先逐渐下降,后缓慢上升,所以最后生成的对抗样本会被黑盒分类模型分类为目标类的置信度较高。由于生成的对抗样本被分类为目标类所对应的置信度越高越好,因此这是本算法的优点之一。

过程图的置信度呈先下降后上升的趋势,这与适应度函数的设计有密切联系。在前期,置信度之所以会下降,是因为 L_2 距离下降得较快,此时即使置信度稍有所下降,适应值也会呈现上升趋势;在后期,置信度之所以会上升,是因为后期的 L_2 距离下降的速度比较缓慢,而整个算法的目的是选取适应值较高的粒子,因此此时一旦出现置信度较高的粒子,本算法就会将其更新为 G_{best}，而粒子在移动的过程中又会在一定程度上向 G_{best} 移动，于是出现这种情况。

在对抗样本的生成过程中，有时会出现整个粒子群的 score 都变为 0 的情况，此时整个粒子群对应的适应值都很低，而速度更新公式中的 P_{best} 和 G_{best} 会一直牵引粒子群走向之前选取的较优粒子，因此粒子群在迭代一定次数后即可跳出此"低谷"，继续前进。此外，在对抗样本的生成过程中，还存在粒子群陷入局部最优的情况（即 score 和 L_2 距离的数值都没有变化）。如果在速度更新公式中没有加入高斯噪声这一项，那么后续整个粒子群将很难从局部最优中跳出；由于本节实验加入了这一项，因此粒子群在陷入此情况时，高斯噪声会赋予粒子群一定的"冲力"，使其跳出局部最优继续前进。

2. 实验结果分析与对比

为了验证本章提出的基于 PSO 的目标攻击方案的有效性，接下来将此方法和近期性能较好的 NES+PGD 方法进行比较。

本节实验和 NES+PGD 方法都对 Inception v3 模型进行攻击，且都是黑盒攻击，因此具有可比性。不同的是，本节实验仅使用黑盒模型返回的 top−1 分类标签及置信度即可完成攻击，但 NES+PGD 需要使用 top−10 分类标签及置信度才可完成攻击。

NES+PGD 在算法终止条件中设置的扰动上限是：每个像素点与原始图像对应位置像素点的差不能超过 0.05。为了使对比结果更加准确，本节实验设定的扰动上限 ε 为 $\sqrt{0.05 \times h \times w \times 3}$ 。

对抗样本的优劣可从以下几方面进行评估：

（1）对抗样本能否被黑盒分类模型识别为目标类，对于多次实验得到的大量对抗样本，可以以攻击成功率的形式体现。

（2）黑盒模型对其返回的 top−1 置信度能够达到多少。top−1 置信度越高，表示生成的对抗样本质量越好。

此外，本章还加入了所需黑盒模型查询次数这一项，查询次数越少，则表明对抗样本越优。

在本章的方法中，随机从 ImageNet 测试集中选取 100 幅图像作为原始图像，对于每幅原始图像对应的目标类为从 ImageNet 的 1 000 个标签中随机选取的 100 个标签（此时要保证目标类与原始图像的类别不一致）。对于给定的目标类，PSO 方法按照 4.2.4 节第 8 部分的结论对目标图像进行了筛选，在此过程中消耗的查询次数也将包含在总的查询次数内。使用 PSO 和 NES＋PGD 分别进行目标攻击的整体性能对比如表 4-2-3 所示。

表 4-2-3　目标攻击下 PSO 和 NES＋PGD 的整体性能对比

方法	所需信息量	扰动上限	平均置信度	成功率/%	平均查询次数
PSO	top－1	$L_2 \leqslant \sqrt{0.05 \times h \times w \times 3}$	0.95	96.0	34 180
NES＋PGD	top－10	$L_\infty \leqslant 0.05$	0.89	95.5	104 342

4.3　基于 CMA 的黑盒攻击方案设计

4.3.1　问题提出

在图像分类与对抗实验的过程中，笔者所在的课题组（以下简称"课题组"）发现一种有意思的现象——黑盒模型在查询时存在无效查询。在黑盒模型下，只能用图像查询分类模型，然后获得图像所对应的前 K 种标签及其置信度。这种设定被称为局部信息设定。于是，定义所有使目标分类不在前 K 种分类的查询都为无效查询。如此定义主要原因是，如果查询目标分类不在前 K 种分类，那么将无法获取其置信度，这将导致无法计算其交叉熵以及交叉熵的梯度，甚至连估算都做不到。此处的梯度是指广义梯度，即如果查询无效，则无法利用查询数据来获取对目标分类有利的修改方向。

目前，已经有一些黑盒攻击方法（如 NES＋PGD、Decision Based

Attack[40]）注意到无效查询问题。这两种攻击方法都采取同时输入两幅图像（一幅原始图像、一幅目标图像）的方式开始攻击。为了提高黑盒查询效率，它们都采取从目标图像附近加扰动的方式开始攻击，由于目标图像附近被分类为目标分类的概率较大，因此它们在攻击前期确实能够显著降低无效查询次数。但在攻击后期，随着对抗图像向原始图像靠拢，无效查询开始出现，并阻碍对抗攻击的进展。

无效查询已经成为阻碍黑盒攻击的主要因素。课题组对 NES＋PGD 进行复现实验时发现，每次攻击速度降低的时候，都是无效查询出现的时候。无效查询的出现会浪费很多查询次数，程序就像掉进了迷雾，进化结果停滞不前，甚至得到比之前更差的结果。

为了解决局部信息设定下的查询无效问题，本节提出了一种基于自适应协方差矩阵（Covariance Matrix Adaptation，CMA）进化策略的有效查询定位算法，称为有效进化算法。同时，本节给出了配合有效进化的对抗样本生成方法以及扰动压缩算法。

4.3.2　基于 CMA 的对抗样本生成方法

本方案主要用于黑盒图像识别模型环境下的靶向攻击问题，主要由三个算法组成，其中以 CMA 算法为主体算法，另外两个有效进化以及扰动压缩的算法为配合 CMA 生成对抗样本所必需的算法。

在本方案设计的方法中，首先，利用有效进化算法找到一个有效种群；然后，利用 CMA 算法进化这个有效种群，直到找到局部最优解。此时，验证该局部最优解是否满足要求，即图像分类应该为目标类，且对抗样本与原始图像的 L_2 距离应该足够小。如果找到的局部最优解满足要求，就结束算法；否则，通过扰动压缩进一步优化找到的结果，直到找到的局部最优解满足要求。基于 CMA 的高效黑盒对抗样本生成方法流程如图 4－3－1 所示。图中，SourceImage 为原始图像；TargetImage 为目标图像；ADV_i 为第 i 次迭代生成的对抗样本；TargetClass 为目标分类。

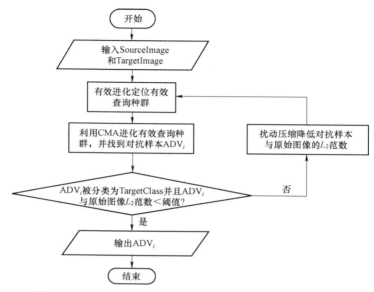

图 4-3-1　基于 CMA 的高效黑盒对抗样本生成方法流程

参考白盒攻击 C&W，将黑盒攻击的整个过程转化为一个优化问题，因此可以使用很多优化方法来解决该问题。在此使用最具有概率统计意义的优化方法——自适应协方差进化算法来优化该问题。

4.3.2.1　目标函数构建

由基础公式可知，这是一个条件优化问题，其优化条件为 $C(x+\delta)=t$，优化目标为求对抗样本与原始图像之间的最短距离，即最小化 $D(x, x+\delta)$。其中，x 为原始图像；δ 为扰动噪声，t 为目标分类。对此，可以类比拉格朗日乘数法的思想，将条件优化问题转化为无条件优化问题，即

$$\text{minimize } D(x, x+\delta) + \lambda[C(x+\delta)-t] \qquad (4-3-1)$$

由于 $C(x+\delta)-t$ 是一个不可微的量，在优化时不能提供有效的利好信息，因此应该按照目标函数含义来构造后半部分的公式内容。由于要求 $x+\delta$ 被分类为 t 的概率越高时，$C(x+\delta)-t$ 越小，因此神经网络训练时的交叉熵函数就非常适合：

$$\text{Loss}(x, \delta, t) = -\sum_{i=0}^{\text{numclass}-1} \text{label}_i \ln F(x+\delta)_i \qquad （4-3-2）$$

式中，label$_i$——one-hot 表示法的标签表示法，即 label$_i$ = (0, 0, 0, ···, 0, 1, 0, ···, 0)，只有第 i 位为 1 的长度为所有可能分类的数量的向量；

　　　　t——目标分类；

　　　　$F(\cdot)_i$——分类器第 i 种分类的置信度输出。

　　Loss 函数随着分类器对目标分类的置信度提高而减小，恰好符合本节对构造函数的要求。

　　对于靶向攻击而言，

$$\text{label}_i = 0,\ i \neq t\ \text{且}\ \text{label}_t = 1 \qquad （4-3-3）$$

　　对于非靶向攻击而言，

$$\text{label}_i = 1,\ i \neq t\ \text{且}\ \text{label}_t = 0 \qquad （4-3-4）$$

因此，目标公式为

$$\text{minimize} \left\|\delta\right\|_2 + \lambda \text{Loss}(x, \delta, t) \qquad （4-3-5）$$

　　例如，　　　　　　　　　　$x + \delta \in [0,1]^n$

其中，

$$\text{Loss}(x, \delta, t) = -\sum_{i=0}^{\text{numclass}-1} \text{label}_i \ln F(x+\delta)_i$$

　　Loss 函数可以表示输出与期望输出的差距，Loss 函数值越小越好。

4.3.2.2　有效（Valid）进化

　　通常，使用高斯分布来代表一个不明的随机变量。所以在本节的研究中，假设对抗样本的扰动量 δ 在局部也是一种符合高斯分布的随机变量。

　　本节选取 CMA 作为攻击方法的主体算法。因为 CMA 是一种优秀的、基于统计学理论的进化算法。CMA 的主要内容就在于进化种群的分布参数，即期望和标准差。CMA 的进化对象正是假设的重要部分。

本研究使用 CMA 来进化扰动种群，并成功地生成了对抗样本。

有效样本是扰动量 δ 在局部的特殊情况，因此推断有效样本也在局部符合特殊的高维高斯分布。基于该假设，利用 CMA 来定位有效样本。如果能利用这个假设完成对抗样本的生成任务，就可以验证这个假设。从实验结果的角度上说，该假设是正确的。具体验证过程见 4.3.3 节。

在此，将目标公式作为适应度函数 Fitness 的计算公式。由于使用的是进化算法，并且进化目标为目标函数最小化，所以直接使用目标公式作为 Fitness 计算公式不仅方便并且准确，即

$$\text{Fitness}\delta_i = \|\delta_i\|_2 + \lambda \text{Loss}(x, \delta_i, t) \qquad （4-3-6）$$

具体方法：当找到少量有效查询的样本时（如两个及以上），就可以通过少量有效样本来计算其均值与标准差，然后利用新的均值与标准差所对应的高斯分布重新生成采样。根据假设推理，新生成的采样中出现有效样本的概率更高，事实也确实如此。通过循环这个过程，能高效地定位有效样本所在的分布，并找到更多有效样本。有效进化过程示意如图 4-3-2 所示。

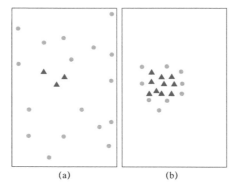

图 4-3-2　有效进化过程示意
（a）一次随机采样结果；（b）通过有效定位操作后的采样结果

在图 4-3-2 中，圆点或三角表示一次采样。其中，三角表示本次采样

为有效样本，即目标分类在 TopK 中；圆点表示本次采样为无效样本。

将一个图像视为一个高维向量 $\boldsymbol{X}(\boldsymbol{x}_1, \boldsymbol{x}_2, \cdots, \boldsymbol{x}_n)$ ，其可以表示为 SourceImage $+ \boldsymbol{\delta}$ 的形式，并认为 $\boldsymbol{\delta} \sim N(\mu, \sigma)$ 。其中，$\boldsymbol{\delta}$ 为原始样本与对抗样本之间的距离，即扰动；$\boldsymbol{\mu}$ 是向量 $\boldsymbol{\delta}$ 的期望，也是一个高维向量 $\boldsymbol{\mu}(\boldsymbol{\mu}_1, \boldsymbol{\mu}_2, \cdots, \boldsymbol{\mu}_n)$；$\boldsymbol{\sigma}$ 是向量 $\boldsymbol{X}$ 的标准差，也是一个高维向量 $\boldsymbol{\sigma}(\boldsymbol{\sigma}_1, \boldsymbol{\sigma}_2, \cdots, \boldsymbol{\sigma}_n)$。针对单像素而言，扰动概率分布函数为

$$f(\boldsymbol{\delta}) = \frac{1}{\sigma\sqrt{2\pi}} \mathrm{e}^{-\frac{(X-\delta)^2}{2\sigma^2}} \tag{4-3-7}$$

有效进化的进化公式为

$$\mu^{(g+1)} = \frac{1}{N} \sum_{i=1}^{N} \delta \tag{4-3-8}$$

$$\sigma^{(g+1)} = \sqrt{\frac{1}{N} \sum_{i=1}^{N} (\delta - \mu^{(g)})^2} \tag{4-3-9}$$

式中，X, δ, σ, μ——单像素的位置、扰动、标准差、期望；

　　　g——第 g 次迭代；

　　　N——种群总数。

其中，采用的扰动为可以使原始图像成为有效查询的扰动。

此外，还有一个问题，即如何获取最初的少量有效查询？

目前已有的方案是直接通过在目标图像附近添加扰动的方式来获取初始的有效样本。但是，这种有效样本确定方式用于 CMA 有效进化上着实有些浪费。由于有效进化仅需少量的初始有效样本即可定位一大群有效样本，因此没有必要获得过多的初始有效样本。而且，所使用的主算法为 CMA 进化算法，初始有效样本提供的种群多样性越大，则对于后期进化越有好处。

综上所述，本方案提供一种对于后期进化更加有效率的初始有效查询获取方式。

所设计的方案需要输入原始图像以及目标图像，找到一幅原始图像与

目标图像之间的图像，要求在这幅图像附近能很容易地找到少量有效样本，即

$$搜索初始对抗样本\ x'$$

$$\text{s.t.}\quad x' \in [\text{SourceImage}, \text{TargetImage}]\,, \qquad (4-3-10)$$

$$(x' + \delta) \in [0,1]$$

利用投影的方法，将目标图像逐渐投影到原始图像中，以寻找这幅中间图像，并将找到的这幅中间图像称为对抗攻击 StartPoint。使用类似 PGD 的方法，通过限制 StartPoint 像素取值的方式来完成投影。随着投影比例的加大，StartPoint 在高维空间越来越靠近目标分类的决策空间，其周围加入高斯扰动时能发现有效样本的概率更高。通过 StartPoint 定位方法，可以很快地找到与原始图像 L_2 距离较小的有效样本群及其分布，相较于从目标图像直接出发，这省去了很多扰动压缩过程。这种方法称为靠近目标投影方法，其效果如图 4−3−3 所示。

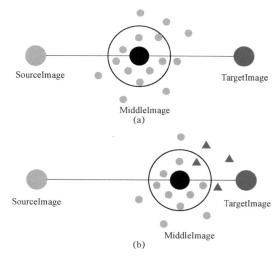

图 4−3−3　靠近目标投影方法示意
（a）移动中间过程（未找到局部最优解）；（b）移动中间过程（找到局部最优解）

在图 4-3-3 中，大圆点表示特殊图像，小圆点或三角表示一次采样，三角表示本次采样为有效样本，StartPoint 越向 TargetImage 靠近，在 StartPoint 进行随机采样中找到有效样本的概率越高。

在实际的实验中，加入高斯扰动并不能使用标准的高斯分布 $N(0,1)$。这是由于通常将像素取值范围从[0,255]的离散值归一化为[0,1]的连续值。在图像领域，通常加 $N(0,0.001)$ 的扰动，即扰动的范围约在 0.2 个灰度以内，这是为了确保找到的扰动都是扰动幅度较小的扰动。

但是，扰动范围过小会导致以下两个问题：

（1）找到的种群多样性差。利用 CMA 进化时，种群扩散缓慢（即 σ 的进化缓慢），这导致 CMA 算法整体进化缓慢。

（2）难以找到距离 SourceImage 较近的 StartPoint。特意使用靠近目标投影方法来定位 StartPoint，就是要找到尽可能离 SourceImage 近的、离 TargetImage 远的初始有效样本。当采样越靠近 TargetImage 时，采样为有效采样的概率就越高，但生成的采样离 StartPoint 过于近，导致找到的初始有效样本是一些靠近（SourceImage, TargetImage）连线的样本，而那些与（SourceImage, TargetImage）向量正交的有效样本（StartPoint, Perturbation）将很难被发现，这与本方案的本意不符。所以，初始扰动标准差 σ 是一个重要的超参数，在此采用自适应的方式（即扩散高斯扰动的方式）来确定对其选择。

扩散高斯扰动有助于找到尽量远离 TargetImage 的有效样本，其示意如图 4-3-4 所示。

图 4-3-4（b）中 3 个圆圈的半径分别为高斯分布中 σ 的 1 倍、2 倍、3 倍，此处为表示采样高概率分布在采样中心的 3σ 范围以内。该图表示，如果 StartPoint 与 TargetImage 已经比较近，则利用扩散高斯扰动的方式即可找到初始有效样本，而不用进行目标图像靠近投影操作。通过这种方法，可以使找到 L_2 距离尽量小且种群多样性尽量大的有效样本种群。

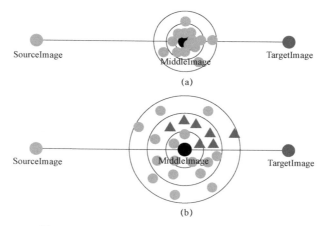

图 4-3-4　扩散高斯扰动示意（书后附彩插）

（a）未找到解空间；（b）找到解空间

综上所述，在选择 StartPoint 及初始扰动标准差 σ 时，应该使 StartPoint 尽量靠近 SourceImage，同时使初始扰动标准差 σ 尽量大，这样就能找到多样性好且 L_2 距离小的有效样本种群，以便后续的攻击。

本方案提出使用扩散高斯扰动的方法并结合靠近目标投影方法来解决这一问题。在获取一幅中间图像后，在其附近逐渐扩大高斯扰动模型的标准差 σ，如果扩大到一定限度后还找不到有效样本，就移动 StartPoint，进而获得 σ 较为合适的初始有效样本。

有效进化的具体实现流程如图 4-3-5 所示。图中，SourceImage 为原始图像；TargetImage 为目标图像；StartPoint 为初始对抗样本；k 为扰动比例参数；μ 为扰动中心；σ 为扰动标准差；δ 为原始样本和对抗样本之间的距离，即扰动；GδS 为有效样本集。确定一个 StartPoint，要求能在这个 StartPoint 附近找到一定量的有效样本；否则，可以通过提高 TargetImage 的比例来提高找到初始有效样本的概率。循环查找，直到找到少量的初始有效样本。在本方案中，将这个"少量的"设定为 2 个。本方案认为 2 个初始有效样本辅以 CMA 进化就可以定位一群有效样本。

4.3.2.3　CMA 进化有效种群

课题组认为，对抗样本是扰动量 δ 在局部的特殊情况，因此推断对抗样本也在局部符合特殊的高维高斯分布。基于该假设，利用 CMA 进化有效样本种群，进而生成对抗样本。

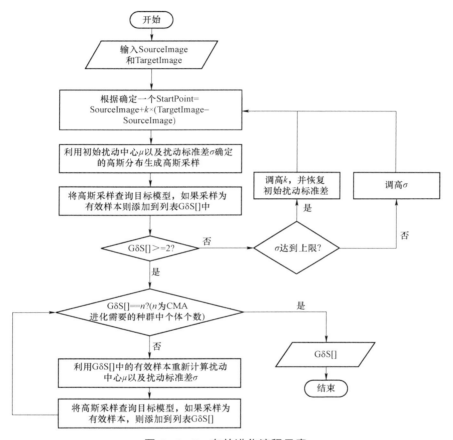

图 4-3-5 有效进化流程示意

在每一轮迭代过程中，首先利用期望与标准差对应的高斯分布来生成种群，然后计算所有个体的适应度，接下来选取适应度较好的个体重新计算期望与标准差，直到找到了合乎要求的解；否则，循环迭代。

算法流程如图 4-3-5 所示。

进化公式为

$$\mu^{(g+1)} = \frac{1}{N_{best}} \sum_{i=1}^{N_{best}} \delta \qquad (4-3-11)$$

$$\sigma^{(g+1)} = \sqrt{\frac{1}{N_{\text{best}}} \sum_{i=1}^{N_{\text{best}}} (\delta - \mu^{(g)})^2} \qquad （4-3-12）$$

式中，N_{best} ——所取的适应度较好扰动的数量。

利用 CMA 进化有效种群算法作为完成对抗样本生成工作的最外层的算法。每次迭代时，判断得到的进化结果能否满足攻击要求，若满足，则完成攻击结束迭代；否则，继续迭代。CMA 进化有效种群的算法流程示意如图 4-3-6 所示。图中，μ 为扰动中心；σ 为扰动标准差；x 为原始图像；F 为目标分类器模型；t 为目标分类；r 为 L_2 距离扰动上界；a 为种群进化比例；n 为种群总体个数；GδS 为有效样本集；NowBestFitness 为种群最佳个体适应度。

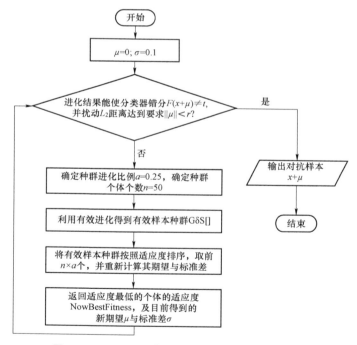

图 4-3-6　CMA 进化有效种群的算法流程示意

4.3.2.4　扰动压缩

进化算法中有两个重要的参数决定了进化搜索的方向，一个是搜索广度，另一个是搜索深度。

CMA 是一个极其优秀的算法，它可以自适应地调整两个搜索方向的比例，当搜索到极值点附近时，它会自动收缩标准差，从而提高搜索深度、降低搜索广度。当搜索种群没有集中到某一点附近的趋势时，它会自动扩大标准差，从而提高搜索广度、降低搜索深度。

但是，由于高斯模型只拟合了局部对抗样本的概率模型，因此 CMA 也十分容易陷入局部最优解。这一现象也可以验证本节的假设——对抗样本在局部符合一个高斯分布模型。因此，如果找到了 L_2 距离较小的有效样本，就可以找到 L_2 距离较小的对抗样本分布模型。为此，课题组尝试将扰动中心向原始图像靠拢，希望以此得到 L_2 距离较小的有效样本，从而达到跳出局部最优解的目的。实验证明，该方法确实可行。扰动压缩示意如图 4-3-7 所示。

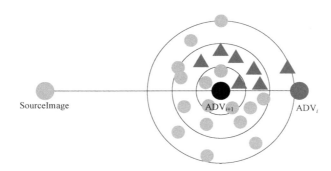

图 4-3-7　扰动压缩示意（书后附彩插）

图 4-3-7 表明，在得到一个局部最优解 ADV_i 后，将扰动中心向原始图像方向靠拢，如果找到了有效样本，就可以通过 CMA 算法找到新的较小的 L_2 距离下的对抗样本。

基于 CMA 的扰动压缩主要有两个问题需要解决：判断何时进行扰动压缩；如何进行自适应扰动压缩。

当 CMA 进化有效种群达到局部最优解，且此时扰动分布产生的扰动使对抗样本被分类器高置信度分类为目标类时，就进行扰动压缩。因为此时 CMA 已经无须再进化，扰动中心附近的扰动大部分都是可以使分类器错分的扰动，即已经找到了一个较好的局部最优解。所以，进行扰动压缩来跳出当前局部最优解。

但是，还存在一种情况：CMA 进化有效种群达到局部最优解，但扰动分布产生的扰动不能使对抗样本被分类器高置信度分类为目标类。这可能是因为 CMA 算法收敛过快，使得在进化时错过了好的局部最优解，所以通过提高扰动标准差并重新利用 CMA 进化该有效样本分布的方式来解决这一问题。判断扰动压缩何时进行的流程示意如图 4-3-8 所示。图中，LastBestFitness 为上一次迭代的种群最佳个体适应度；NowBestFitness 为当前迭代的种群最佳个体适应度；Lastμ 为扰动压缩前的扰动中心；Lastσ 为扰动压缩前的扰动标准差；Convergence 为收敛阈值；CloseThreshold 为置信度阈值；σ 为扰动标准差。

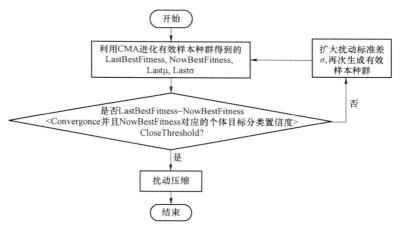

图 4-3-8　判断扰动压缩何时进行的流程示意

在实验中，将固定扰动压缩后的扰动标准差（CDV）为某个值，课题组发现：当扰动压缩时的期望修改量（CEV）比 3×CDV 大时，扰动压缩的效率很高，但 CEV 会快速地降到 3×CDV 大小；当 CEV 比 3×CDV 小时，扰动压缩效率会很低，甚至导致扰压缩失效。经过大量调整后，设定参数调整策略为同步调整 CEV 与 CDV，并且同步方式遵循3σ 原则。具体自适应扰动压缩流程示意如图 4-3-9 所示。图中，Lastμ 为扰动压缩前的扰动中心；Lastσ 为扰动压缩前的扰动标准差；CEV 为扰动压缩时的期望修改量；CDV 为扰动压缩后的扰动标准差；SourceImage 为原始图像；TargetImage 为目标图像；StartPoint 为初始对抗样本；Nowμ 为当前迭代的扰动中心；Nowσ 为当前迭代的扰动标准差；GδS 为有效样本集。

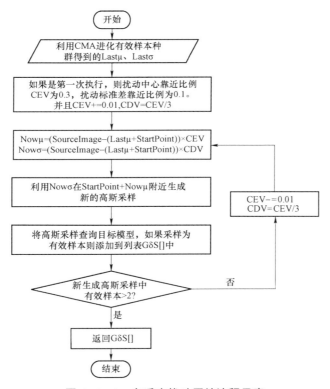

图 4-3-9 自适应扰动压缩流程示意

扰动压缩的具体方法：当搜索到一个局部最优解时，将扰动期望向原始图像按照自适应的比例靠拢，同时标准差根据 3σ 原则设计为期望值的 1/3，以保证定向靠近后找到的有效样本为 L_2 距离较小的样本而非符合原始分布的样本；如果没有找到有效样本，则减小靠拢比例，直到找到少量有效样本为止。

4.3.3 方案设计

在 4.3.2 节的基础上，本节将给出具体的实验方案，包括实验方案概述及目标、实验开发环境、具体实验的数据结构及算法实现、实验结果及其评价、实验方案的总结等。

1. 方案概述

本方案主要通过三个实验来验证算法。

（1）为验证 CMA 算法确实比 NES+PGD 方法需要的查询次数少，本方案将两种攻击方法进行对比实验，并进行数据分析。对比实验内容：随机抽取 10 幅 ImageNet 的图像，将图像两两组合进行对抗样本生成任务。这称为 10×10 循环对抗样本生成任务。然后，统计两种攻击方法完成等效攻击所需的查询次数。

（2）为验证有效进化算法的有效性与高效性，本方案统计上述 10×10 循环对抗样本生成任务所需的初始有效样本数目和完成有效进化所需的迭代轮数。

（3）为验证对于有效进化优化的有效性，本方案对比未加优化的有效进化、加靠近目标投影的有效进化、加入靠近目标投影和扩散高斯扰动的有效进化的进化效果。将 1×10 的对抗样本生成任务作为实验内容，统计各算法完成攻击所需的查询次数。

2. 实验开发环境

本实验采用远程连接服务的方式来完成算法开发的实验环境。主要的实验环境配置如表 4-3-1 所示。

表 4-3-1　实验环境配置

软/硬件	配置
IDE	PyCharm 2017.3 Professional Edition
操作系统	Ubuntu 14.04.5 LTS
Import Lib	tensorflow－gpu 1.4.0，cudatoolkit 8.0，cudnn 6.0.21
GPU	NVIDIA Corporation Device 1080

3. 开发环境搭建

在此，默认服务器端是可连接的，支持 SSH 连接以及 SFTP 数据传输协议，并且有服务器的用户账号及密码。配置服务器编译环境的步骤如下：

第 1 步，下载所需的环境配置文件，包括到官网 http://continuum.io/downloads 下载 anaconda。

第 2 步，使用 PuTTY 远程 SSH 连接服务器。操作示意如图 4-3-10、图 4-3-11 所示。

图 4-3-10　PuTTY 远程连接服务器

图 4-3-11　PuTTY 登录服务器

第 3 步，将运行目录放在 anaconda 包所在的位置，并执行命令 "bash Anaconda3−4.3.1−Linux−x86_64.sh"。

第 4 步，在安装 anaconda 后，安装 CUDA、cudnn、TensorFlow。代码如下：

```
$ sudo apt-get install cuda-command-line-tools
$ export LD_LIBRARY_PATH=$LD_LIBRARY_PATH:/usr/local/cuda/
extras/CUPTI/ lib64
$ sudo apt-get install libcupti-dev
$ sudo apt-get install python3-pip python3-dev # for Python
3.n
$ pip3 install tensorflow-gpu
```

4. 实验环境搭建

配置本地主机的 IDE 环境，需要下载 PyCharm 的 Professional 版本。然后，主要配置两项内容：远程解释器；远程文件路径。

远程解释器的配置操作：File→Settings→Project→Project Interpreter。配置内容如图 4−3−12 所示。

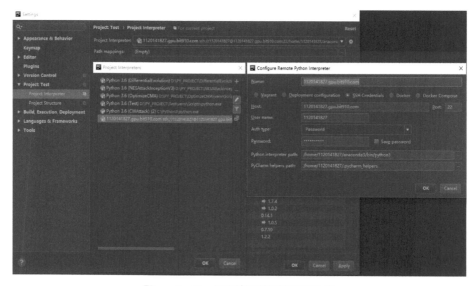

图 4−3−12　远程解释器的配置内容

远程文件配置操作: Tools→Deployment→Configuration。配置内容如图 4−3−13、图 4−3−14 所示。

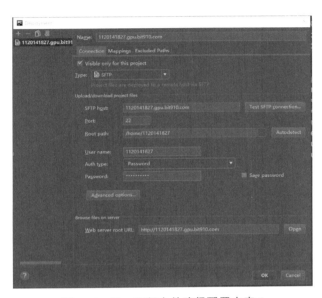

图 4−3−13 远程文件路径配置内容 1

图 4−3−14 远程文件路径配置内容 2

4.3.4 主要数据结构及算法实现

1. 有效进化

为实现有效进化部分的算法，将主要的数据结构设置如下：

ENP = np.zeros(ImageShape,dtype = float) #扰动期望的 ndarray 表现形式

DNP = np.zeros(ImageShape,dtype = float)+0.1 #扰动标准差的 ndarray 表现形式

StartStdDeviation = 0.1　#　起始扰动标准差

StdDeviationUpper = 0.15　#　扰动标准差上限

Domin = 0.5 #目标图像投影程度（该值越低，投影程度越大）

StartNumber = 2# 我们需要找到的初始有效样本个数

其中，ENP 与 DNP 是实现 CMA 的重要变量；StartStdDeviation、StdDeviationUpper、Domin 是实现扩散高斯扰动的重要变量；StartStdDeviation、Domin 也是实现靠近目标投影的重要变量。为 StartStdDeviation 设置了经验值 0.1，这是在实验过程中探索到的能使算法结果较好的参数值。

基于 CMA 的有效进化算法见算法 4 – 3 – 1。

算法 4–3–1　基于 CMA 的有效样本生成算法

输入：原始图像 S；目标图像 T；期望获得的有效样本个数 n；模型输出的标签置信度对的个数 K

输出：有效样本集 $G\delta S$

1：将扰动中心 μ 赋值为 0

2：将扰动标准差 σ 赋值为 0.1

3：初始化有效样本集 $G\delta S$ 为空集

4：设定目标图像投影程度 D 为 0.5

5：令初始对抗样本 SP 为 $\mathrm{Slip}(S, T - D, T + D)$

6：do

7：生成 n 个随机扰动并形成扰动集 $\Delta = \{\delta_1, \delta_2, \cdots, \delta_n\}$

（续）

8：将能够使得原始图像的分类结果中出现目标分类的扰动，加入有效样本集 GδS，即 GδS + = argc$_\delta$(T in TOP$_K$($F(S+\delta)$))

9：if len(GδS) == 0:

10：增加扰动标准差 σ，σ+ =0.01

11：if $\sigma - 0.1 = 0.05$：

12：增强图像投影程度 D，即 $D-=0.05$

13：重新生成初始对抗样本 SP 为 Slip($S, T-D, T+D$)

14：end if

15：end if

16：根据有效样本集重新计算扰动中心 μ 和扰动标准差 σ

17：while len (GδS) < n

18：返回　GδS，算法结束

2. CMA 进化有效种群

为实现 CMA 进化有效种群部分算法，将主要的数据结构设置如下：

```
ENP=np.zeros(ImageShape,dtype=float) #扰动期望的 ndarray 表
现形式
DNP=np.zeros(ImageShape,dtype=float)+0.1 #扰动标准差的
ndarray 表现形式
INumber=50 # 种群个体数
Reserve=0.25 # 种群进化率
```

此处的 50 与 0.25 为经验值。

基于 CMA 的有效种群进化算法见算法 4−3−2。

算法 4-3-2　基于 CMA 的有效种群进化算法

输入：原始图像 S；目标分类 t；目标分类器模型 F；扰动上限 r；扰动群体规模 n

输出：对抗样本 ADV

1：将扰动中心 μ 赋值为 0

2：将扰动标准差 σ 赋值为 0.1

3：while $F(S+\mu) \neq t$ or $\|\mu\|_2 > r$　do:

（续）

4：生成 n 个随机扰动并形成扰动集 $\Delta = \{\delta_1, \delta_2, \cdots, \delta_n\}$

5：计算全部扰动所对应的适应度，即 AllFitness = Fitness(Δ)

6：将适应度较好的扰动存入有效样本集 GδS，即 GδS = argc_δ $\mathrm{TOP}_{n*\Theta}$(AllFitness)

7：根据有效样本集重新计算扰动中心 μ 和扰动标准差 σ

8：end while

9：返回 对抗样本 ADV = $S + \mu$，算法结束

---

3. 扰动压缩

为实现扰动压缩部分算法，将主要的数据结构设置如下：

```
ENP=np.zeros（ImageShape,dtype=float） #扰动期望的 ndarray 表
现形式
DNP=np.zeros（ImageShape,dtype=float）+0.1 #扰动标准差的
ndarray 表现形式
CloseEVectorWeight=0.3 # 种群个体数
CloseDVectorWeight=0.1 # 种群进化率
Convergence=0.1 #收敛条件
CloseThershold=0.6 # 置信度阈值
```

其中，Convergence、CloseThershold 主要解决何时进行扰动压缩的问题；CloseEVectorWeight、CloseDVectorWeight 主要解决如何进行自适应扰动压缩的问题。

置信度阈值 CloseThershold 用于保证找到的局部最优解必然使目标分类置信度较高。在本节，取 CloseThershold 为 0.6，要求扰动压缩时的目标分类置信度在 0.6 以上。

收敛条件 Convergence 决定了 CMA 何时达到进化上限。在本节，将 Convergence 取值为 0.1，即前后两代的进化结果的 Fitness 相差不到 0.1 时找到局部最优解。

CloseEVectorWeight 与 CloseDVectorWeight 的变化规律采取 3σ 原则。

基于 CMA 的扰动压缩算法见算法 4 - 3 - 3。

算法 4-3-3 基于 CMA 的扰动压缩算法

输入：原始图像 S；初始对抗样本 SP；扰动中心 μ；扰动标准差 σ；目标分类器模型 F；

输出：有效样本集 GδS

1：初始化有效样本集 GδS 为空集

2：设置压缩时的期望修改量 $\varphi = 0.3$

3：设置扰动压缩前的扰动中心 Last$\mu=\mu$

4：设置扰动压缩前的扰动标准差 Last$\sigma=\sigma$

5：do

6：压缩扰动的期望，即 $\mu = $ Last$\mu +(S-($SP$+ $Last$\mu))* \varphi$

7：重新设置压缩后的扰动标准差 $\sigma=$Last$\sigma+(S-($SP$+$Last$\sigma))* \varphi /3)$

8：重新生成生成 n 个随机扰动并形成扰动集 $\varDelta = \{\delta_1,\delta_2,\cdots,\delta_n\}$

9：将能够使得原始图像的分类结果中出现目标分类的扰动，加入有效样本集 GδS，即 GδS$+ = argc_\delta($T in TOP$_K(F(S + \delta)))$

10：if len (GδS) $== 0$:

11：减小压缩时的扰动期望修改量，即 $\varphi -= 0.01$

12：end if

13：while len (GδS) <2

14：返回有效样本集 GδS，算法结束

利用算法 4-3-3，找到少量 L_2 距离较小的有效样本后，就可以再次使用算法 4-3-2 与算法 4-3-1 来完成 L_2 距离较小的对抗样本的生成工作。循环整个攻击过程，直到对抗样本达到 L_2 距离上的限制，并且具有较高的置信度。

4.3.5 实验原理验证

本实验主要阐述在局部解空间，有效样本服从高维独立高斯分布的问题。课题组先对有效进化算法的可行性进行了实验。同样，对于 10×10 的循环对抗样本生成任务，使用有效进化算法进行有效样本定位实验。

图4-3-15所示为在10×10循环对抗样本生成任务中有效进化部分的实验结果，其中，图 4-3-15（a）所示为找到的初始有效样本统计，图4-3-15（b）所示为从初始有效样本到定位到一群（50 个）有效样本所需的迭代轮数。

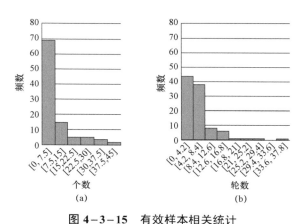

图 4-3-15 有效样本相关统计

（a）初始有效样本分布；（b）有效进化所需的轮数分布

表 4-3-2 所示为 10×10 循环对抗样本生成任务中，有效进化部分的实验结果。

表 4-3-2 有效进化效果

方法	初始有效样本平均数	初始有效样本中位数	平均所需轮数	所需轮数中位数	最小初始样本数	最大初始样本数
有效样本定位	8.922 222 22	3.5	6.822 222 2	5	2	45

从图 4-3-15、表 4-3-2 可以看出，本节方法可以 100%找到初始有效样本，并且可以看出仅需要很少的初始有效样本就能很快定位到一群有效样本。在实验中发现，随着已有有效样本个数的增加，下一次迭代有效样本会增加得更快，这是一个良性循环。

在进行有效样本定位算法实现的过程中，完成了两个优化，在此具体展现优化效果。初始有效样本距离（SourceImage 距离）越短，则完成对抗样本生成工作所需的总查询次数越少。对比同时使用靠近目标投影和扩散高斯扰动的攻击策略、单独使用靠近目标投影的攻击策略和直接在 TargetImage 附近加扰动策略对于查询次数的影响，采取 10×10 循环对抗样本生成任务的前 10 个对抗样本生成任务作为对比实验内容，具体实验数据如表 4-3-3 所示。

表 4-3-3　有效样本定位优化对比

编号	查询次数	攻击策略 扩散高斯扰动+靠近目标投影	靠近目标投影	无优化
0		0	0	0
1		26 900	28 550	25 250
2		32 150	53 700	74 550
3		18 850	18 350	22 700
4		58 050	64 800	59 050
5		52 750	56 650	74 350
6		47 000	46 700	80 700
7		41 900	41 900	75 600
8		61 000	47 300	41 100
9		35 900	34 550	77 050
平均数		37 450	39 250	53 035
中位数		38 900	44 300	66 700

　　在有效样本定位优化实验中，使用的初始扰动 σ 为0.1，靠近目标投影操作中的步长为 0.01，起始投影比例为 0.5；扩散高斯扰动的步长为 0.01，扩散上限为 0.05，并且由于直接从目标图像开始扩散高斯扰动是没有意义的，所以没有单独对比扩散高斯扰动的实验效果。

　　可以明显看出，使用靠近目标投影的方法十分有效地降低了总查询次数。这充分验证了课题组的猜想,初始有效样本 L_2 距离越短,对抗样本生成工作需要的总查询次数越少。从实验数据上可以看出,查询次数减少了大约 30%,而扩散高斯扰动同样也具有一定的优化效果,优化效果约为 5%。

4.3.6 算法评价

通过对比两种攻击方法可知,本方法通常所需的查询次数低于 NES+PGD 方法。本节将两种攻击方法同时进行 10×10 的循环对抗样本生成测试实验,结果如表 4-3-4 所示。

表 4-3-4 NES+PGD 与 CMA 对比实验

方法	扰动上限	Top1 置信度/%	攻击成功率/%	平均查询次数	查询次数中位数	实际平均 L_2 距离
NES+PGD	$L_\infty \leq 0.05$	89.2	95	114 859	108 848	35.155 15
CMA	$L_2 \leq 0.05 \times \sqrt{\mathrm{Imagesize}}$	73.6	100	74 948	37 850	25.923 7

其中,NES+PGD 攻击直到 L_∞ 距离小于等于 0.05 时停止,该攻击方法在本次实验中的成功率为 95%,即存在两次攻击失败以及三次攻击结果可被肉眼直观察觉,更加具体的实验结果可以在图 4-3-16 中查看。通过 NES 攻击生成的对抗样本的平均目标分类置信度达到 89.2%,这是一个很高的值,其平均查询次数为 114 859。在文献〔47〕的 NES+PGD 方法中提到,同样是 Top$K$ 的局部信息设定下,其完成对抗样本生成所需的平均查询次数为 104 342 次。本节重复 NES+PGD 方法的实验结果与论文实验结果相似,因此对比实验具有可信度。

同样,在 10×10 的循环对抗样本生成测试实验中,直到 L_2 距离小于 $0.05 \times \sqrt{\mathrm{Imagesize}}$ 时才停止攻击,在本实验中,Imagesize=299× 299×3,攻击成功率达到了 100%,并且平均目标分类的置信度达到 73.6%,平均查

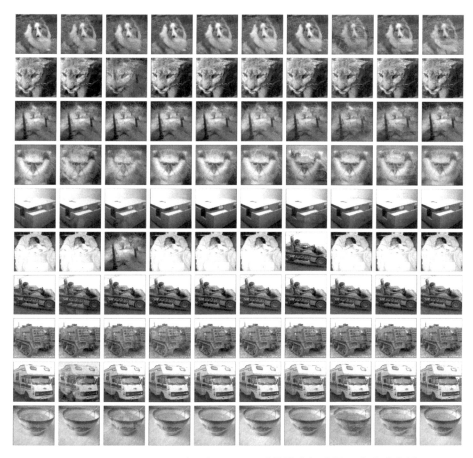

图 4-3-16　NES+PGD 方法的 10×10 对抗样本矩阵图（书后附彩插）

询次数为 74 948。实际上，为了保证成功率，本节提高了查询次数的上限，导致存在查询了 500 000 次以上才攻击成功的对抗样本。但即便如此，相较于 NES+PGD 攻击，本节方法的平均查询次数减少了 30%。10×10 循环对抗样本生成任务所需的查询次数对比如图 4-3-17 所示。

由图 4-3-17 可知，基于 NES+PGD 方法完成攻击需要的查询次数大多在 150 000 以内，少数需要的查询次数超过 200 000 次；基于 CMA 方法完成攻击大多需要的查询次数在 100 000 以内，少数需要的查询次数超过 100 000 次。通过观察两种攻击方法所需查询次数较多的案例可以发现，NES+PGD 攻击的查询次数变多，主要是因为有效查询比例降

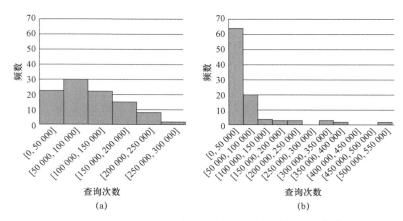

图 4-3-17　10×10 循环对抗样本生成任务所需查询次数对比

（a）NES+PGD 对抗样本查询次数分布；（b）CMA 对抗样本查询次数分布

低；而 CMA 攻击的查询次数变多，主要因为扰动压缩方向与 CMA 进化方向相反，即已找到黑盒模型下目前能找到的最优解，难以跳出局部最优解，即便如此，也找不到 L_2 距离符合要求的对抗样本。但是，已找到的较好样本已经能达到模型识别错误、人类识别正确，且肉眼难以观察扰动的要求，如图 4-3-18 所示。

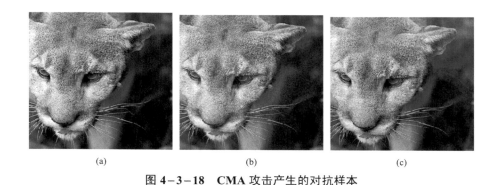

　　　（a）　　　　　　　　　（b）　　　　　　　　　（c）

图 4-3-18　CMA 攻击产生的对抗样本

　　图 4-3-18 为使用 CMA 攻击产生的对抗样本。其中，（a）为原图 cougar；（b）为需要 37 850 次查询生成的对抗样本，其被 Inception v3 识别为 guenon；（c）为需要 509 500 次查询才能生成的对抗样本，被 Inception v3 识别为 karting。我们可以从图 4-3-18 中看出，虽然有些图像没

有达到指定的 L_2 距离要求，但是扰动已经达到肉眼难以识别。

　　图 4-3-19 和图 4-3-20 所示分别为 NES+PGD 与 CMA 生成 $10×10$ 对抗样本时的 L_2 距离分布。从中可以看出，CMA 方法生成的对抗样本 L_2 距离更为集中，且 CMA 对抗样本的平均 L_2 距离低于 NES 方法生成的对抗样本。结合图 4-3-16、图 4-3-21 可以看出，CMA 方法生成的对抗样本更加平滑，扰动更加难以被肉眼发现。

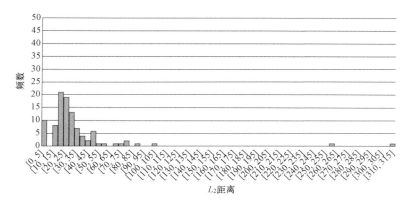

图 4-3-19　NES+PGD 生成对抗样本的 L_2 距离分布

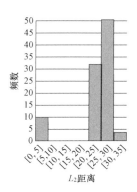

图 4-3-20　CMA 生成对抗样本的 L_2 距离分布

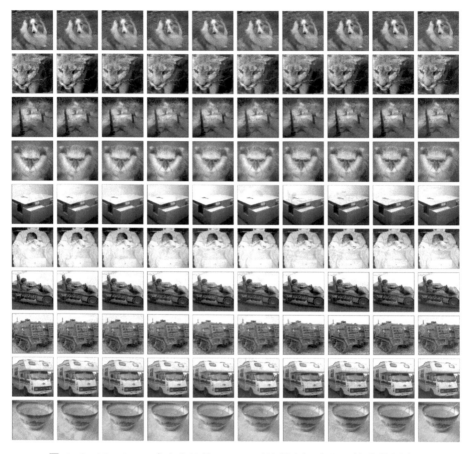

图 4-3-21　CMA 攻击方法的 10×10 对抗样本矩阵图（书后附彩插）

参 考 文 献

［1］N·J·尼尔逊. 人工智能原理［M］. 北京：科学出版社，1983.

［2］P·H·温斯顿. 人工智能［M］. 北京：科学出版社，1983.

［3］郑宇. 五分钟了解你不得不知道的人工智能热门词汇［EB/OL］.
（2017−10−10）［2019−11−15］微软亚洲研究院 https://www.msra.cn/
zh−cn/news/features/ai−hot−words−20171010.

［4］KRIZHEVSKY A，SUTSKEVER I，HINTON G E. Imagenet classification
with deep convolutional neural networks［C］//Advances in neural
information processing systems. 2012：1097−1105.

［5］SIMONYAN K，ZISSERMAN A. Very deep convolutional networks for
large−scale image recognition［J］. arXiv preprint arXiv：1409.1556，2014.

［6］毛建旭，王耀南. 基于神经网络的遥感图像分类［J］. 测控技术，2001，
20（5）：29−30.

［7］屈景怡，朱威，吴仁彪. 基于衰减因子的双通道神经网络图像分类算
法［J］. 系统工程与电子技术，2017，39（6）：1391−1399.

［8］万建伟，皇甫堪，周良柱. 一种新的采用神经网络的图像分类方法研
究［J］. 系统工程与电子技术，1995（2）：48−59.

［9］王瑞，李杰平，卢志刚，等. 基于人工神经网络遥感图像分类的应用
研究［J］. 图书情报导刊，2011，21（3）：108−110.

［10］汤进，张春燕，罗斌. 基于图谱分解和概率神经网络的图像分类［J］.
中国图象图形学报，2006，11（5）：630−634.

［11］LECUN Y. The MNIST database of handwritten digits［EB/OL］.
http://yann.lecun.com/exdb/mnist/.

［12］王晓刚. 图像识别中的深度学习［J］. 中国计算机学会通讯，2015，

11（8）：15−21.

［13］ 技术小能手. 27 种神经网络简明图解 [EB/OL]. (2018−01−23)
[2019−11−01]https://yq.aliyun.com/articles/394446?utm_content%20=%20
m_40864.

［14］ SAON G，KUO H K J，RENNIE S，et al. The IBM 2015 English
conversational telephone speech recognition system［J］. arXiv preprint
arXiv：1505.05899，2015.

［15］ SUTSKEVER I，VINYALS O，LE Q V. Sequence to sequence learning
with neural networks［C］//Advances in neural information processing
systems. 2014：3104−3112.

［16］ VAN DEN OORD A，DIELEMAN S，ZEN H，et al. WaveNet：A
generative model for raw audio［J］. arXiv.org/abs/1609.03499v1，2016.

［17］ GOODFELLOW I，POUGET−ABADIE J，MIRZA M，et al. Generative
adversarial nets［C］//Advances in neural information processing systems.
2014：2672−2680.

［18］ NGUYEN A，YOSINSKI J，CLUNE J. Deep neural networks are easily
fooled：High confidence predictions for unrecognizable images［C］//
Computer Vision and Pattern Recognition. IEEE，2015：427−436.

［19］ REDMON J，FARHADI A. YOLO9000：better，faster，stronger［C］//
Proceedings of the IEEE conference on computer vision and pattern
recognition. 2017：7263−7271.

［20］ REN S，HE K，GIRSHICK R，et al. Faster r−cnn：Towards real−time
object detection with region proposal networks［C］//Advances in neural
information processing systems. 2015：91−99.

［21］ 温晓君. 海杂波背景下基于神经网络的目标检测[J] 系统仿真学报，
2007，19（7）：1639−1641.

［22］ 瞿继双，王正志，王超. 一种新的模糊多层自组织神经网络图像目标
检测方法［J］. 国防科技大学学报，2002，24（6）：46−51.

［23］ 艾玲梅，叶雪娜. 基于循环卷积神经网络的目标检测与分类［J］. 计算机技术与发展，2018，28（2）：31－35.

［24］ 瞿继双，徐德坤，王超. 基于结构上下文的模糊神经网络自动目标检测方法［J］. 中国图象图形学报，2004，9（10）：1169－1174.

［25］ 张宇，吴宏刚，陈跃斌，等. 采用形态神经网络背景自适应预测的图像弱小目标检测［J］. 计算机应用研究，2007，24（3）：289－291.

［26］ EVERINGHAM M，VAN GOOL L，WILLIAMS C K I，et al. The pascal visual object classes （voc） challenge ［J］. International journal of computer vision，2010，88（2）：303－338.

［27］ RUSSAKOVSKY O，DENG J，SU H，et al. Imagenet large scale visual recognition challenge ［J］. International journal of computer vision，2015，115（3）：211－252.

［28］ LIN T Y，MAIRE M，BELONGIE S，et al. Microsoft coco：Common objects in context ［C］//European conference on computer vision. Springer，Cham，2014：740－755.

［29］ GOODFELLOW I J，SHLENS J，SZEGEDY C. Explaining and Harnessing Adversarial Examples［J］. arXiv preprint arXiv：1412.6572，2015.

［30］ CHRISTIAN SZEGEDY，WOJCIECH ZAREMBA，ILYA SUTSKEVER，et al. Intriguing properties of neural networks ［J］. arXivpreprint arXiv：1312.6199，2013.

［31］ PAPERNOT N，MCDANIEL P，GOODFELLOW I，et al. Practical black－box attacks against machine learning ［C］//Proceedings of the 2017 ACM on Asia conference on computer and communications security. ACM，2017：506－519.

［32］ PAPERNOT N ，PATRICK MCDANIEL ，IAN GOODFELLOW. Transferability in machine learning：from phenomena to black－box attacks using adversarial samples［J］. arXiv preprint arXiv：1605.07277，

2016.

[33] KURAKIN A，GOODFELLOW I，BENGIO S. Adversarial examples in the physical world ［J］. arXiv preprint arXiv：1607.02533，2016.

[34] DONG Y，LIAO F，PANG T，et al. Boosting adversarial attacks with momentum ［C］//Proceedings of the IEEE Conference on Computer Vision and Pattern Recognition. 2018：9185−9193.

[35] PAPERNOT N，MCDANIEL P，JHA S，et al. The limitations of deep learning in adversarial settings［C］//2016 IEEE European Symposium on Security and Privacy （EuroS&P）. IEEE，2016：372−387.

[36] CARLINI N，WAGNER D. Towards evaluating the robustness of neural networks［C］//Security and Privacy （SP），2017 IEEE Symposium on. IEEE，2017：39−57.

[37] FLORIAN TRAMÈR，NICOLAS PAPERNOT，IAN GOODFELLOW，et al. The space of transferable adversarial examples ［J］. arXiv preprintarXiv：1704.03453，2017.

[38] LIU Y，CHEN X，LIU C，et al. Delving into transferable adversarial examples and black−box attacks［J］. arXiv preprint arXiv：1611.02770，2016.

[39] SU J，VARGAS D V，SAKURAI K. One pixel attack for fooling deep neural networks ［J］. IEEE Transactions on Evolutionary Computation，2019：1−1.

[40] BRENDEL W，RAUBER J，BETHGE M. Decision−based adversarial attacks：Reliable attacks against black−box machine learning models［J］ arXiv preprint arXiv：1712.04248，2017.

[41] WIERSTRA D，SCHAUL T，PETERS J，et al. Natural evolution strategies ［C］// 2008 IEEE Congress on Evolutionary Computation （IEEE World Congress on Computational Intelligence）. IEEE，2008：3381−3387.

[42] ILYAS A，ENGSTROM L，ATHALYE A，et al. Query−Efficient

Black-box Adversarial Examples［J］. arXiv preprint arXiv：1712.07113，2017.

［43］ 凌祥，纪守领，任奎. 面向深度学习系统的对抗样本攻击与防御［J］. 中国计算机学会通讯，2018，14（6）：11-17.

［44］ HANSEN N. The CMA evolution strategy：A tutorial［J］. arXiv preprint arXiv：1604.00772，2016.

［45］ TRAMÈR F，KURAKIN A，PAPERNOT N，et al. Ensemble adversarial training：Attacks and defenses［J］. arXiv preprint arXiv：1705.07204，2017.

［46］ PAPERNOT N，MCDANIEL P，WU X，et al. Distillation as a Defense to Adversarial Perturbations Against Deep Neural Networks［C］//Security and Privacy. IEEE，2016：582-597.

［47］ SZEGEDY C，VANHOUCKE V，IOFFE S，et al. Rethinking the inception architecture for computer vision［C］//Proceedings of the IEEE conference on computer vision and pattern recognition. 2016：2818-2826.

［48］ MOOSAVI-DEZFOOLI S，FAWZI A，FROSSARD P. DeepFool：a simple and accurate method to fool deep neural networks［C］//In Proceedings of the IEEE Conference on Computer Vision and Pattern Recognition，2016：2574-2582.

［49］ PIN-YU CHEN，HUAN ZHANG，YASH SHARMA，et al. Zoo：Zeroth order optimization based black-box attacks to deep neural networks without training substitute models［J］. arXiv preprint arXiv：1708.03999，2017.

［50］ MOOSAVI-DEZFOOLI S M，FAWZI A，FAWZI O，et al. Universal adversarial perturbations［C］//In Proceedings of IEEE Conference on Computer Vision and Pattern Recognition （CVPR），2017.

［51］ ROZSA A，RUDD E M，BOULT T E. Adversarial Diversity and Hard

Positive Generation［J］. arXiv preprint arXiv：1605.01775，2016.

［52］JÉRÔME RONY，LUIZ G. Hafemann. Decoupling direction and norm for efficient gradient－based L2 adversarial attacks and defenses［J］. arXiv preprint arXiv：1811.09600，2019.

［53］JENSEN P A，BARD J F a. Operations Research Models and Methods ［M］. Wiley，2003.

［54］EBERHART R，KENNEDY J. Particle swarm optimization［C］// Proceedings of the IEEE international conference on neural networks. 1995，4：1942－1948.

［55］YANG S，WILIEM A，CHEN S，et al. Using LIP to Gloss Over Faces in Single－Stage Face Detection Networks［C］//Proceedings of the European Conference on Computer Vision （ECCV）. 2018：640－656.

［56］LUO W，LI Y，URTASUN R，et al. Understanding the effective receptive field in deep convolutional neural networks［C］//Advances in neural information processing systems. 2016：4898－4906.

［57］BOSE A J，AARABI P. Adversarial attacks on face detectors using neural net based constrained optimization［C］//2018 IEEE 20th International Workshop on Multimedia Signal Processing （MMSP）. IEEE，2018：1－6.

［58］CHEN S T，CORNELIUS C，MARTIN J，et al. ShapeShifter：Robust Physical Adversarial Attack on Faster R－CNN Object Detector［C］// Joint European Conference on Machine Learning and Knowledge Discovery in Databases. Springer，Cham，2018：52－68.

［59］LI Y，BIAN X，CHANG M C，et al. Exploring the Vulnerability of Single Shot Module in Object Detectors via Imperceptible Background Patches［J］. arXiv preprint arXiv：1809.05966，2018.

［60］SONG D，EYKHOLT K，EVTIMOV I，et al. Physical adversarial examples for object detectors［C］//12th USENIX Workshop on

Offensive Technologies （WOOT, 18）. 2018.

［61］ DABOUEI A，SOLEYMANI S，DAWSON J，et al. Fast Geometrically－Perturbed Adversarial Faces ［C］//2019 IEEE Winter Conference on Applications of Computer Vision （WACV）. IEEE, 2019：1979－1988.

［62］ HOSSEINI H，XIAO B，POOVENDRAN R. Deceiving google's cloud video intelligence api built for summarizing videos ［C］//2017 IEEE Conference on Computer Vision and Pattern Recognition Workshops （CVPRW）. IEEE，2017：1305－1309.

［63］ HAMDI A，MÜLLER M，GHANEM B. SADA：Semantic Adversarial Diagnostic Attacks for Autonomous Applications ［J］. arXiv preprint arXiv：1812.02132，2018.

［64］ LIU X，YANG H，LIU Z，et al. DPATCH：An Adversarial Patch Attack on Object Detectors ［J］. arXiv preprint arXiv：1806.02299，2018.

［65］ ROSENFELD A，ZEMEL R，TSOTSOS J K. The elephant in the room ［J］. arXiv preprint arXiv：1808.03305，2018.

［66］ REDMON J，FARHADI A. Yolov3：An incremental improvement ［J］. arXiv preprint arXiv：1804.02767，2018.

［67］ HE K，ZHANG X，REN S，et al. Deep Residual Learning for Image Recognition ［J］. The IEEE Conference on Computer Vision and Pattern Recognition （CVPR），2016：770－778.

［68］ SARKAR S，BANSAL A，MAHBUB U，et al. UPSET and ANGRI：Breaking High Performance Image Classifiers［J］. arXiv preprint arXiv：1707.01159，2017.

［69］ ZHENGLI ZHAO，DHEERU DUA，SAMEER SINGH. Generating natural adversarial examples ［J］. arXiv preprint arXiv：1710.11342，2017.

［70］ OH S J，FRITZ M，SCHIELE B. Adversarial Image Perturbation for Privacy Protection－A Game Theory Perspective ［J］. arXiv preprint arXiv：1703.09471，2017.

[71] HOSSEINI H，XIAO B，JAISWAL M，et al. On the Limitation of Convolutional Neural Networks in Recognizing Negative Images [J]. arXiv preprint arXiv：1703.06857，2017.

[72] BIGGIO B，ROLI F. Wild patterns：Ten years after the rise of adversarial machine learning [J]. Pattern Recognition. 2018，12（84）：317−331.

[73] RAUBER J，BRENDEL W，BETHGE M. Foolbox：A python toolbox to benchmark the robustness of machine learning models [J]. arXiv：1707.04131，2017.

[74] YANG SONG，TAESUP KIM，SEBASTIAN NOWOZIN，et al. Pixeldefend：Leveraging generative models to understand and defend against adversarial examples [J]. arXiv preprint arXiv：1710.10766，2017.

[75] PEDRO TABACOF，EDUARDO VALLE. Exploring the space of adversarial images [C]. In Neural Networks （IJCNN），2016 International Joint Conference on，pages 426−433. IEEE，2016.

[76] THOMAS TANAY，LEWIS GRIFFIN. A boundary tilting persepective on the phenomenon of adversarial examples [J]. arXiv preprint arXiv：1608.07690，2016.

[77] SARA SABOUR，YANSHUAI CAO，FARTASH FAGHRI，et al. Adversarial manipulation of deep representations[C]//Proceedings of the International Conference on Learning Representations（ICLR），2016.

[78] ALHUSSEIN FAWZI，OMAR FAWZI，PASCAL FROSSARD. Fundamental limits on adversarial robustness [C] //In Proc. ICML，Workshop on Deep Learning，2015.

[79] 张思思，左信，刘建伟. 深度学习中的对抗样本问题 [J]. 计算机学报，2018，42（8）：1886−1904.

[80] 郑远攀，李广阳，李晔. 深度学习在图像识别中的应用研究综述 [J].

计算机工程与应用，2019，55（12）：20−36.

［81］张玉清，董颖，柳彩云，等. 深度学习应用于网络空间安全的现状、趋势与展望［J］. 计算机研究与发展，2018，（06）：1117−1142.

［82］童逍瑶. 面向图像识别系统的对抗样本生成技术研究［D］. 北京：北京理工大学，2019.

［83］张文娇. 黑盒模型下基于 PSO 的对抗样本生成方案研究［D］. 北京：北京理工大学，2019.

［84］刘洪毅. 图像识别系统深度学习对抗与评估的研究［D］. 北京：北京理工大学，2018.

［85］MeNG D，CHEN H. Magnet：a two−pronged defense against adversarial examples［C］//Proceedings of the 2017 ACM SIGSAC Conference on Computer and Communications Security. ACM，2017：135−147.

［86］MONTUFAR G F，PASCANU R，CHO K，et al. On the number of linear regions of deep neural networks［C］//Advances in neural information processing systems. 2014：2924−2932.

［87］AKHTAR N，MIAN A. Threat of Adversarial Attacks on Deep Learning in Computer Vision：A Survey［J］. IEEE Access，2018：14410−14430.

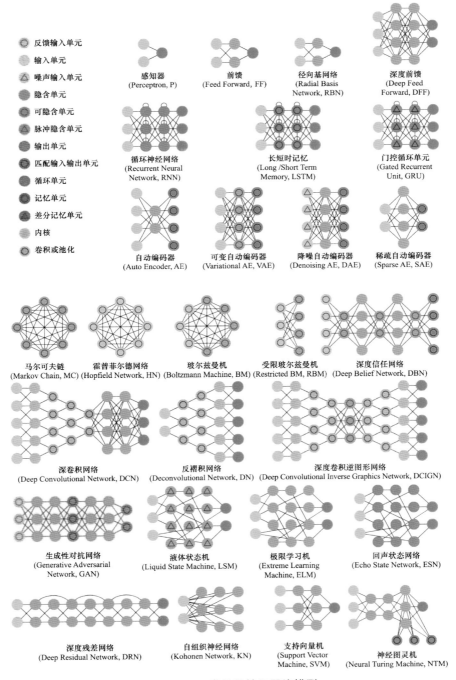

图 2-2-1 常见的神经网络模型

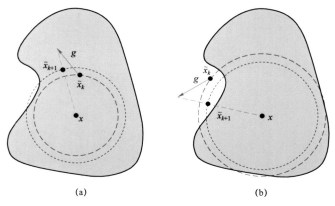

(a)   (b)

图 4-1-3   非目标攻击的图像说明

（a）$\tilde{x}_k$ 没有对抗性；（b）$\tilde{x}_k$ 有对抗性

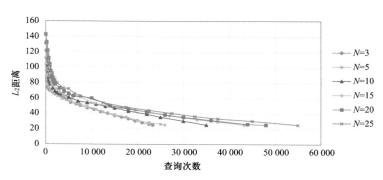

图 4-2-6   群体规模对查询次数的影响

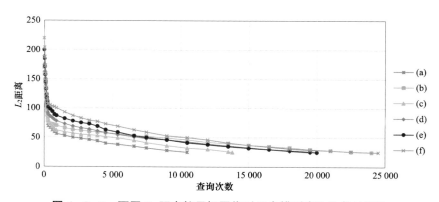

图 4-2-8   不同 L_2 距离的目标图像对黑盒模型查询次数的影响

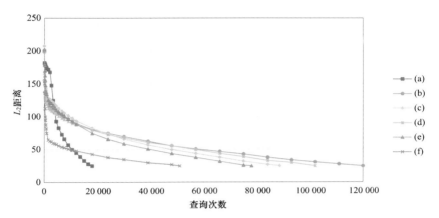

图 4－2－10　不同置信度的目标图像对黑盒模型查询次数的影响

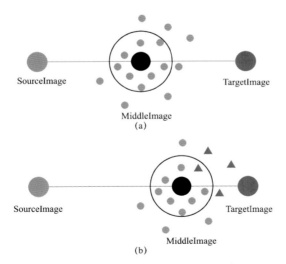

图 4－3－3　靠近目标投影方法示意

（a）移动中间过程（未找到局部最优解）；（b）移动中间过程（找到局部最优解）

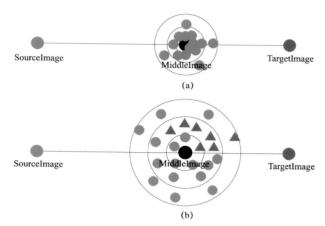

图 4-3-4 扩散高斯扰动示意

（a）未找到解空间；（b）找到解空间

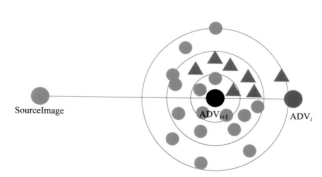

图 4-3-7 扰动压缩示意

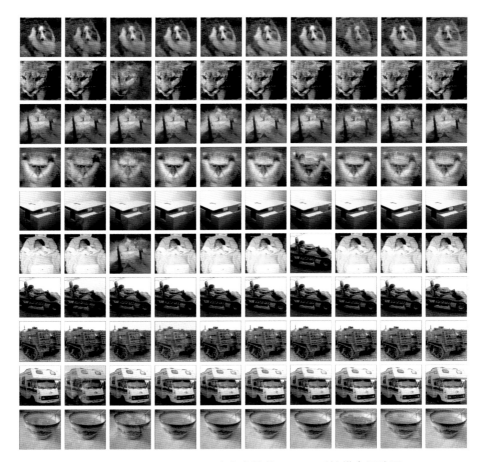

图 4-3-16　NES+PGD 攻击方法的 10×10 对抗样本矩阵图

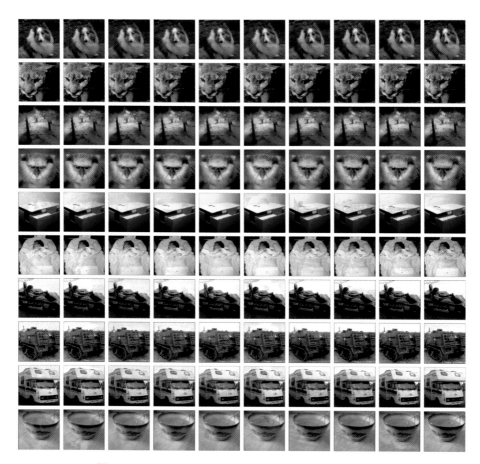

图 4-3-21　CMA 攻击方法的 10×10 对抗样本矩阵图